Anette Weisbecker

Ein Verfahren zur automatischen Generierung von software-ergonomisch gestalteten Benutzungs-oberflächen

Mit 38 Abbildungen und 48 Tabellen

Springer-Verlag Berlin Heidelberg GmbH 1995

Dipl.-Inform. Anette Weisbecker
Fraunhofer-Institut für Arbeitswirtschaft und Organisation (IAO), Stuttgart

Prof. Dr.-Ing. Dr. h. c. Dr.-Ing. E. h. H. J. Warnecke
o. Professor an der Universität Stuttgart
Fraunhofer-Institut für Produktionstechnik und Automatisierung (IPA), Stuttgart

Prof. Dr.-Ing. habil. Dr. h. c. H.-J. Bullinger
o. Professor an der Universität Stuttgart
Fraunhofer-Institut für Arbeitswirtschaft und Organisation (IAO), Stuttgart

D 93

ISBN 978-3-540-60242-2 ISBN 978-3-662-06838-0 (eBook)
DOI 10.1007/978-3-662-06838-0

Ursprünglich erschienen bei Springer-Verlag Berlin Heidelberg New York 1995.

Gesamtherstellung: Copydruck GmbH, Heimsheim
SPIN 10511079 62/3020–6543210

IPA-IAO
Forschung und Praxis

Band 221

Berichte aus dem
Fraunhofer-Institut für Produktionstechnik
und Automatisierung (IPA), Stuttgart,
Fraunhofer-Institut für Arbeitswirtschaft
und Organisation (IAO), Stuttgart,
Institut für Industrielle Fertigung und
Fabrikbetrieb der Universität Stuttgart und
Institut für Arbeitswissenschaft und
Technologiemanagement, Universität Stuttgart

Herausgeber: H. J. Warnecke und H.-J. Bullinger

Geleitwort der Herausgeber

Über den Erfolg und das Bestehen von Unternehmen in einer marktwirtschaftlichen Ordnung entscheidet letztendlich der Absatzmarkt. Das bedeutet, möglichst frühzeitig absatzmarktorientierte Anforderungen sowie deren Veränderungen zu erkennen und darauf zu reagieren.

Neue Technologien und Werkstoffe ermöglichen neue Produkte und eröffnen neue Märkte. Die neuen Produktions- und Informationstechnologien verwandeln signifikant und nachhaltig unsere industrielle Arbeitswelt. Politische und gesellschaftliche Veränderungen signalisieren und begleiten dabei einen Wertewandel, der auch in unseren Industriebetrieben deutlichen Niederschlag findet.

Die Aufgaben des Produktionsmanagements sind vielfältiger und anspruchsvoller geworden. Die Integration des europäischen Marktes, die Globalisierung vieler Industrien, die zunehmende Innovationsgeschwindigkeit, die Entwicklung zur Freizeitgesellschaft und die übergreifenden ökologischen und sozialen Probleme, zu deren Lösung die Wirtschaft ihren Beitrag leisten muß, erfordern von den Führungskräften erweiterte Perspektiven und Antworten, die über den Fokus traditionellen Produktionsmanagements deutlich hinausgehen.

Neue Formen der Arbeitsorganisation im indirekten und direkten Bereich sind heute schon feste Bestandteile innovativer Unternehmen. Die Entkopplung der Arbeitszeit von der Betriebszeit, integrierte Planungsansätze sowie der Aufbau dezentraler Strukturen sind nur einige der Konzepte, die die aktuellen Entwicklungsrichtungen kennzeichnen. Erfreulich ist der Trend, immer mehr den Menschen in den Mittelpunkt der Arbeitsgestaltung zu stellen - die traditionell eher technokratisch akzentuierten Ansätze weichen einer stärkeren Human- und Organisationsorientierung. Qualifizierungsprogramme, Training und andere Formen der Mitarbeiterentwicklung gewinnen als Differenzierungsmerkmal und als Zukunftsinvestition in *Human Recources* an strategischer Bedeutung.

Von wissenschaftlicher Seite muß dieses Bemühen durch die Entwicklung von Methoden und Vorgehensweisen zur systematischen Analyse und Verbesserung des Systems Produktionsbetrieb einschließlich der erforderlichen Dienstleistungsfunktionen unterstützt werden. Die Ingenieure sind hier gefordert, in enger Zusammenarbeit mit anderen Disziplinen, z.B. der Informatik, der Wirtschaftswissenschaften und der Arbeitswissenschaft, Lösungen zu erarbeiten, die den veränderten Randbedingungen Rechnung tragen.

Die von den Herausgebern geleiteten Institute, das

- Institut für Industrielle Fertigung und Fabrikbetrieb der Universität Stuttgart (IFF),

- Institut für Arbeitswissenschaft und Technologiemanagement (IAT)

- Fraunhofer-Institut für Produktionstechnik und Automatisierung (IPA),

- Fraunhofer-Institut für Arbeitswirtschaft und Organisation (IAO)

arbeiten in grundlegender und angewandter Forschung intensiv an den oben aufgezeigten Entwicklungen mit. Die Ausstattung der Labors und die Qualifikation der Mitarbeiter haben bereits in der Vergangenheit zu Forschungsergebnissen geführt, die für die Praxis von großem Wert waren. Zur Umsetzung gewonnener Erkenntnisse wird die Schriftenreihe "IPA-IAO - Forschung und Praxis" herausgegeben. Der vorliegende Band setzt diese Reihe fort. Eine Übersicht über bisher erschienene Titel wird am Schluß dieses Buches gegeben.

Dem Verfasser sei für die geleistete Arbeit gedankt, dem Springer-Verlag für die Aufnahme dieser Schriftenreihe in seine Angebotspalette und der Druckerei für saubere und zügige Ausführung. Möge das Buch von der Fachwelt gut aufgenommen werden.

H.J. Warnecke   H.-J. Bullinger

Vorwort

Die vorliegende Arbeit entstand während meiner Tätigkeit als wissenschaftliche Mitarbeiterin am Fraunhofer-Institut für Arbeitswirtschaft und Organisation (IAO) in Stuttgart. Sie wurde vom Bundesministerium für Forschung und Technologie (BMFT) durch den Projektträger Arbeit und Technik (AuT) im Rahmen des Projektes "Unterstützungswerkzeuge zur benutzergerechten Gestaltung der Mensch-Computer-Schnittstelle" gefördert.

Herrn Prof. Dr.-Ing. habil. Dr. h. c. Prof. e. h. H.-J. Bullinger, geschäftsführender Direktor des Instituts für Arbeitswissenschaft und Technologiemanagement (IAT) der Universität Stuttgart und Leiter der Fraunhofer-Instituts für Arbeitswirtschaft und Organisation (IAO), danke ich sehr für die wissenschaftliche Unterstützung und wohlwollende Förderung der Arbeit.

Herrn Prof. Dr.-Ing. A. Storr, stellvertretender Direktor des Instituts für Steuerungstechnik der Werkzeugmaschinen und Fertigungseinrichtungen (ISW) der Universität Stuttgart, danke ich für die Übernahme des Mitberichtes, seine eingehende Durchsicht der Arbeit und die sich daraus ergebenden konstruktiven Hinweise.

Weiterhin gilt mein Dank allen Kolleginnen und Kollegen am IAO und IAT für die kritischen Diskussionen und wertvollen Anregungen. Herrn Dr.-Ing. K.-P. Fähnrich danke ich für die Durchsicht der Arbeit und seine konstruktive Kritik. Stellvertretend für die wissenschaftlichen Hilfskräfte, die zum Entstehen der rechnergestützten Werkzeugumgebung beigetragen haben, danke ich besonders Herrn Stefan Pelz.

Meinen Eltern, die mir dies alles ermöglichten und mich jederzeit unterstützt haben, danke ich sehr herzlich. Mein besonderer Dank geht an Rainer mit dessen tatkräftiger Unterstützung, Geduld und Verständnis ich immer rechnen konnte.

Stuttgart, im Juni 1995 Anette Weisbecker

Inhaltsverzeichnis

Verzeichnis der verwendeten Abkürzungen

ACM	Association for Computing Machinery
ANSI	American National Standardization Institute
BDE	Betriebsdatenerfassung
CAD	Computer Aided Design
CAP	Computer Aided Planning
CAQ	Computer Aided Quality Management
CASE	Computer Aided Software Engineering
CCITT	Comité Consultatif International Télégraphique et Téléphonique
CEN	Comité Européen de Normalisation
CIM	Computer Integrated Manufacturing
CIM-OSA	Computer Integrated Manufacturing - Open System Architecture
CUA	Common User Access
DBMS	Datenbankmanagementsystem
DIN	Deutsches Institut für Normung
ECMA	European Computer Manufacturers Association
EER	Extended Entity-Relationship-Model
ER	Entity-Relationship-Modell
EDV	Elektronische Datenverarbeitung
IBM	International Business Machines Corporation
IEEE	Institute of Electrical and Electronics Engineers
ISO	International Standardization Organization
JSD	Jackson System Development
GENIUS	Generator for User Interfaces Using Software Ergonomic Rules
lex	lexical analysator generator
MAP	Manufacturing Automation Protocol
MS-DOS	Microsoft - Disk Operating System
NF^2	Non First Normal Form
OSF	Open Software Foundation
PC	Personal Computer
PPS	Produktionsplanung und -steuerung
SQL	Structured Query Language
UIMS	User Interface Management System
VDI	Verein Deutscher Ingenieure
VDMA	Verband Deutscher Maschinen- und Anlagenbau e.V.
yacc	yet another compiler-compiler

1 Einleitung

Daten und Informationen sind zu einem bedeutenden Wirtschaftsgut im Unternehmen geworden (Spur /188/; Ortner, Rössner und Söllner /142/) und bilden einen neuen Produktionsfaktor (Maßberg und Habich /109/). Es werden daher Systeme benötigt, die Daten so verarbeiten, daß sie die Erfüllung konkurrierender Ziele wie Kostenreduktion, Durchlaufzeitminimierung und Qualitätserhöhung sowie eine integrierte durchgängige Informationsverarbeitung ermöglichen (Bullinger, Fähnrich und Thines /23/). Dies gilt in besonderem Maße für betriebliche Informationssysteme wie PPS-Systeme, die unverzichtbar für eine rationelle Auftragsabwicklung sind (Roos /158/). In DIN /42/ wird deshalb als Hauptanforderung an Informationssysteme im Industriebetrieb formuliert: "Die richtige Information am richtigen Ort zur richtigen Zeit in der richtigen Form zur Verfügung zu stellen, um die richtige Entscheidung treffen zu können."

Die Funktionalität der heute eingesetzten Systeme wird jedoch nicht voll genutzt (VDMA /206/). Die bereitgestellte Information (Eversheim und Böhmer /50/) stellt für die Benutzer eine nicht mehr zu bewältigende Datenflut dar (Strickert /190/; Hackstein und Loeffelholz /67/). Ausschlaggebend für den erfolgreichen Einsatz von Informationssystemen ist die Berücksichtigung der technisch-organisatorischen und human-zentrierten Aspekte bei deren Entwicklung und Einsatz (Hackstein /68/). Voraussetzung für ihre Umsetzung ist die software-ergonomische Gestaltung der Systeme, die die Anpassung der Mensch-Rechner-Interaktion an den Menschen und seine Fähigkeiten beinhaltet (Wandmacher /213/). Da der Großteil der Mitarbeiter heute Informationen statt Materialien verarbeitet, liegt in den Informationssystemen ein erhebliches Rationalisierungspotential (Eversheim, Krumm und Heuser /51/). Hinzu kommt die EG-Richtlinie zur Bildschirmarbeit (EWG /49/), die die aufgaben- und benutzergerechte Gestaltung der Software fordert. Die Erstellung von software-ergonomischen Benutzungsschnittstellen ist jedoch mit hohem Zeit- und Kostenaufwand (Myers und Rosson /129/) verbunden und überfordert die Systemhersteller, da ihnen das entsprechende Wissen fehlt (Oetinger /132/; Herczeg /76/). Deshalb sind Werkzeuge erforderlich, die die Anwendung der vorhandenen Richtlinien erleichtern und die vielfach geforderte, aber noch fehlende Integration von Benutzungsoberflächen- und Anwendungsentwicklung realisieren (Eberleh et al. /48/) sowie die Benutzerpartizipation bei der Entwicklung unterstützen. Die Benutzerpartizipation führt zu aufgaben- und benutzergerecht gestalteten Systemen (Strohm /191/; Mantey und Teorey /105/), die die Benutzer bei der Erfüllung ihrer Aufgaben unterstützen und nicht durch systemtechnisches Wissen für deren Handhabung belasten.

In der vorliegenden Arbeit wird daher ein Modellierungsformalismus zur Ableitung der Benutzungsoberfläche aus dem Datenmodell entworfen. Es wird ein rechnergestütztes System zur Generierung von Benutzungsoberflächen unter Einbeziehung software-ergonomischer Gestaltungsregeln entwickelt und implementiert. Die Generierung sowie die Tauglichkeit der erzeugten Benutzungsoberfläche wird untersucht und bewertet.

2 Gestaltung und Entwicklung betrieblicher Informationssysteme – Problemstellung

2.1 Anforderungen an betriebliche Informationssysteme

Zur Sicherung ihrer Wettbewerbsfähigkeit sind die Unternehmen gezwungen, den steigenden Anforderungen an Flexibilität, Produktivität und Qualität gerecht zu werden (Scheer, Hoffmann und Wein /163/). Dabei entscheiden letztendlich Qualität, Kosten und Markteintrittszeiten über die Wettbewerbsfähigkeit (Bullinger /29/; Thurmann /202/).

Die steigende Geschwindigkeit der technologischen Änderungen hat die Lebenszyklen der Produkte schwer vorhersehbar gemacht und extrem verkürzt. Die kürzeren Produktlebenszyklen haben in fast allen Branchen zu härteren Wettbewerbsbedingungen geführt (Bullinger und Wasserloos /26/).

Aus der Entwicklung vom Anbietermarkt hin zum Kundenmarkt resultiert für die produzierenden Unternehmen eine stärkere Kundenorientierung. Die Kundenwünsche werden durch eine wachsende Anzahl von Produktvarianten befriedigt, was eine abnehmende Stückzahl nach sich zieht (Mertins, Albrecht und Steinberger /114/). Außerdem ist die erforderliche Qualität in immer kürzeren Lieferzeiten zu realisieren (Eversheim und Böhmer /50/).

Diese Anforderungen des Marktes erfordern eine hohe Flexibilität in allen Unternehmensbereichen. Die geforderte hohe Flexibilität ist informations- und kooperationsintensiv und kann nur durch den Einsatz von effektiven Informationssystemen erreicht werden, die die Entscheidungsprozesse unterstützen sowie Unternehmensabläufe darstellen und steuern. Die Information wird so zu einem bedeutenden Produktionsfaktor (Spur /188/) und zu einem Instrument der Marktgestaltung (Mertins, Plattfaut /113/) sowie zu einem wichtigen Element der Planung, Durchführung und Kommunikation (Bullinger /30/).

Zur Bewältigung und Verarbeitung des gestiegenen Informationsaufkommens im Betrieb stehen verschiedene informationstechnische Systeme als Betriebsmittel zur Verfügung (Mertins, Albrecht, Steinberger /114/). Tabelle 2.1 faßt die EDV-Unterstützung für die funktionalen Anwendungsbereiche in Fertigungsunternehmen zusammen, wie sie in Mosig-Baumeister /121/ ermittelt wurden.

Eine zentrale Rolle bei den betrieblichen Informationssystemen nehmen die Systeme zur Produktionsplanung und -steuerung ein. Sie dienen zur Unterstützung der Unternehmensfunktion Produktionsplanung und -steuerung (PPS), die die Aufgabe hat, die Herstellung von Produkten in einem Unternehmen hinsichtlich Mengen, Terminen, Kapazitäten und Kosten zu planen (DIN /43/). Mit der wachsenden Funktionalität, die PPS-Systeme bieten hat auch der Umfang der bereitgestellten Information zu genommen. Dabei entsteht für die Anwender das Problem der ansteigenden Unübersichtlichkeit und Unsicherheit über die Bedeutung der einzelnen Informationen sowie deren Aktualität.

	Vertrieb		Forschung und Entwicklung						Produktionsplanung					Fertigung									War. vert.		Unternehmensmanagement				
	Marketing	Kundenauftragsbearbeitung	Forschung	Produktentwicklung	Prozeßentwicklung	Fabrikplanung	Steuerung techn. Produktfreig.	Verwaltung techn. Daten	Produktionsprogrammplanung	Materialplanung	Ressourcenplanung	Beschaffung	Produktionsplan-Freigabe	Produktionsst./Fertigungsst.	Wareneingang	Lagerwesen	Produktion	Qualitätskontrolle	Materialtransport	Warenversand	Fabrikinstandhaltung	Werksdienste	Planung	Durchführung	Kreditorenbuchhaltung	Rechnungsschreibung Debitorenbuchhaltung	Kostenrechnung	Lohn- und Gehaltsabrechnung	Unternehmensdienste
Textverarbeitung	●		●			●	●	●														●							●
Graphik-Software	●		●			●																							●
Auswertungsprogramme	●		●	●																		●							●
Desktop-Publishing							●																						
Electronic Publishing							●																						
Dokumentationssoftware							●																						
Reportgeneratoren	●																												
Bildverarbeitungsprogramme			●																										
Videoverarbeitungsprogramme			●																										
CAD-Software				●																									
CAE-Software				●																									
gruppentechn. Anwendungen				●																									
technische Datenbank				●			●	●																					
NC-Programmierung					●																								
CAQ-Systeme					●																								
CAP/CAPP					●																								
zur Arbeitsplandefinition ähnlicher Produkte/Teile					●																								
Expertensysteme für Produkttests und Fehleranalyse					●																								
Anlagenlayout- und Simulationsprogramme						●																							
in PPS integriertes Auftragsabwicklungssystem		●																											
in PPS integriertes Produktionsprogrammplanungssystem									●																				
in PPS integriertes Materialw.-, Termin-, und Kapazitätspl.-System										●	●																		
in PPS integriertes Einkaufssystem												●			●														
in PPS integrierte Freigabefunktion													●																
in PPS integriertes Transport- und Lagersteuerungssystem																●													
in PPS integriertes Vertriebssyst.																				●									
PPS-Stammdatenverwaltung				●	●	●	●	●																					
Werkstattsteuerungssystem														●			●												
CAQ																		●											
Transport u. Lagersteuerung																			●										
Instandhaltungssystem																					●								
Logistik-, Lagerverwaltung																							●	●					
Finanzbuchhaltung																									●	●			
Lohn-/Gehaltsabrechnung																												●	
Kostenrechnungsprogramm																											●		
Faktunerungsprogramm																										●			

Tabelle 2.1: EDV-Unterstützung für die funktionalen Anwendungsbereiche von Fertigungsunternehmen nach Mosig-Baumeister /121/

2.2 Anforderungen an die Entwicklung von betrieblichen Informationssystemen

Einerseits steigen die Anforderungen an betriebliche Informationssysteme in bezug auf ihre Fähigkeiten, häufigere Produktwechsel und damit verbundene Veränderungen im Ablauf und in der Organisation der Produktion zu bewältigen (Albrecht /1/), andererseits sind die Informationssysteme selbst Produkte, die von den immer kürzer werdenden Produktlebenszyklen betroffen sind.

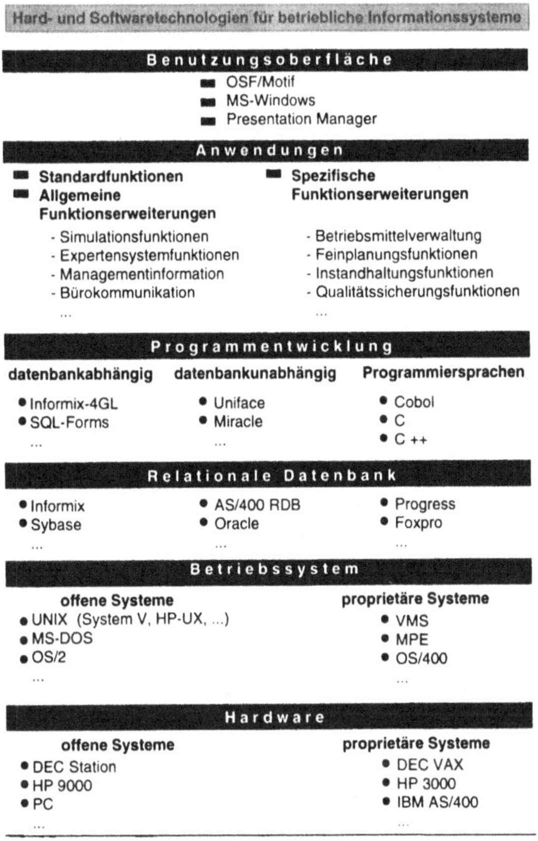

Abbildung 2.1: Hard- und Softwaretechnologien für betriebliche Informationssysteme in Anlehnung an Nedeß, Friedewald und Maack /126/

Das bedeutet, daß auch ihre Implementierungszeit durch den Einsatz neuer Softwaretechnologien (vgl. Abbildung 2.1) zu verkürzen ist und bei der Entwicklung gewährleistet sein muß, daß die gestellten technologischen und organisatorischen Anforderungen erfüllt werden. Aufgrund dieser hohen Anforderungen und wegen der Komplexität der Anwendungen reichen neue Softwaretechnologien alleine nicht aus, sondern sie müssen durch den Einsatz adäquater Werkzeuge unterstützt werden.

Diese Werkzeugunterstützung muß dem technologischen Wandel Rechnung tragen. Die aktuellen Entwicklungen (Mosig-Baumeister /121/; Nedeß, Friedewald und Maack /126/) und ihre Auswirkungen auf die Erstellung von betrieblichen Informationssystemen sind in Tabelle 2.2 dargestellt.

Technologische Entwicklungen	**Auswirkungen**
offene System-Konzeptionen	• Verbindung unterschiedlicher Hard- und Softwarekomponenten • Gewährleistet von der technischen Seite her: - Hardwareunabhängigkeit - Herstellerunabhängigkeit • Gewährleistet von der organisatorischen Seite her: - integrierte Informationsverarbeitung
Betriebssysteme	• keine proprietären Systeme mehr • Neuinstallationen erfolgen unter Unix (Kurbel /99/) • Klein- und Mittelbetriebe setzen verstärkt auf MS-DOS und Netzwerke (Chen und Geitner /33/).
Programmiersprachen	• Verwendung von Hochsprachen wie Pascal, C oder objektorientierten Sprachen wie C++ • Gewährleistung von strukturierter Entwicklung • Unterstützung der Umsetzung von Entwurfsprinzipien (Martin und McClure /107/) wie Modularität, Abstraktion und Lokalität
graphische Benutzungsoberflächen	• graphische Benutzungsoberflächen auf Basis der vorhandenen Fenstersysteme • Einhaltung geltender Standards, z. B. OSF/Motif, CUA
relationale Datenbanken	• Einsatz kommerziell verfügbarer relationaler Datenbankmanagementsysteme zur Datenverwaltung • effiziente Datenverwaltung • standardisierte Schnittstellen (SQL-Schnittstellen)
Daten-kommunikation	• direkter Datenaustausch mit Kunden und Lieferanten z. B. durch EDIFACT, MAP • Information steht schneller und fehlerfreier zur Verfügung
Netzwerk-Hierarchien im Unternehmen	• Vernetzung der Informationssysteme im Unternehmen ermöglicht den Datenaustausch innerhalb des Unternehmens • Grundlage für die im Rahmen von CIM angestrebte Integration der einzelnen Unternehmensbereiche
offene PPS-Schnittstellen	• Anbindung von weiteren rechnergestützten Systemen im Unternehmen durch definierte Schnittstellen, z. B. CAD, CAQ, CAP, Finanzbuchhaltung
Integration der Bürokommunikation	• Einbeziehung der Bürokommunikation in PPS-Systeme • Unterstützung von Geschäftsprozeßmanagement und integrierter Vorgangsbearbeitung • Nutzung von ISDN-Diensten
Multimedia	• verbesserte Darstellung komplexer Objekte aus den Anwendungsbereichen • Visualisierung dynamischer Vorgänge (Bullinger, Fähnrich und Thines /24/)

Tabelle 2.2: Informationstechnologische Entwicklungen und ihre Auswirkungen auf die Erstellung von betrieblichen Informationssystemen

2.3 Gestaltung von Informationssystemen

2.3.1 Die Begriffe "Benutzungsschnittstelle" und "Benutzungsoberfläche"

Nach Moran /120/, zitiert nach Wandmacher /213/, versteht man unter einer *Benutzungsschnittstelle* "diejenigen Komponenten und Aspekte eines Mensch-Computer-Systems, mit denen die Benutzer begrifflich oder über ihre Sinne und Motorik in Verbindung kommen". Somit gehören zur Benutzungsschnittstelle sowohl das Aufgabenwissen als auch das EDV-technische Wissen des Anwenders. Der Begriff *Benutzungsoberfläche* beschreibt den für den Anwender erkennbaren und sichtbaren Teil eines EDV-Systems. Darunter werden alle Einheiten, Techniken und Formen verstanden, mit denen der Anwender mit dem Computersystem kommuniziert (Wandmacher /213/).

2.3.2 Bedeutung der Benutzungsoberfläche

Trotz der vorhandenen rechnergestützten Informationssysteme für die verschiedenen Unternehmensfunktionen wird deren Funktionalität nicht voll ausgenutzt (VDMA /206/). Dies liegt zum einen daran, daß die Funktionalität noch verbessert werden muß, zum anderen daran, daß für den Anwender die verfügbare Funktionalität nicht erkennbar ist. Letzteres läßt sich auf Defizite bei der Gestaltung der Benutzungsoberfläche zurückführen.

Für betriebliche Informationssysteme bedeutet dies, daß aufgaben- und human-zentrierte Arbeitssysteme benötigt werden, die die Arbeitsstrukturen abbilden und an die Arbeitsaufgabe angepaßte Arbeitsmittel zur Verfügung stellen (Bullinger, Fähnrich und Thines /23/), d. h. software-ergonomisch und einheitlich gestaltete Informationssysteme.

Für Hersteller von Anwendungssoftware ist die software-ergonomische Gestaltung zu einem entscheidenden Wettbewerbsfaktor geworden (Bullinger /28/). Bei vergleichbarem Funktionalitätsumfang bildet die Gestaltung der Benutzungsoberfläche ein wichtiges Entscheidungskriterium für den Anwender, da sie ausschlaggebend für die effektive Durchführung der Anwendungsaufgaben ist.

Ein gutes Design der Benutzungsoberfläche und damit auch die Qualität des Softwareprodukts hängt stark von den Möglichkeiten der Anwender zur aktiven Beteiligung an der Systementwicklung ab. So gibt Larson /100/ mehrere Ursachen für schlechte Benutzungsoberflächen an, die alle mit der Benutzerbeteiligung zusammenhängen. Dazu gehört, daß die Anwendungsentwickler nicht mit dem Anwendungsbereich vertraut sind, die Benutzungsoberfläche nicht für den EDV-unerfahrenen Benutzer gestaltet ist und in der Regel keine Zeit für Prototyping und Testen der Benutzungsoberfläche bleibt, so daß die Unzulänglichkeiten nicht rechtzeitig aufgedeckt werden. Auch Johnson /89/ betont, daß die Entwickler sich bei der Benutzungsoberflächenentwicklung auf die rein technischen Aspekte, der Auswahl und des Layouts von Oberflächenelementen konzentrieren und darüber die Gestaltung und die Einbeziehung der Anwendungssemantik vernachlässigen. Molich und Nielsen /119/ konnten zeigen, wie schwierig software-ergonomisches Design selbst für eine kleine Anwendung und für erfahrene Designer sein kann. Es ist somit notwendig, den Designer nicht nur von Routinetätigkeiten, z. B. dem bündigen Ausrichten von Feldern, zu entlasten, sondern ihn darüber hinaus mit Gestaltungsvorschlägen zu unterstützen, die bereits software-ergonomischen Grundsätzen genügen. Dies kann durch die Generierung von Benutzungsoberflächen erreicht werden. Sie stellt die Umsetzung software-ergonomischer Richtlinien sicher und trägt zur konsistenten Verwendung von Interaktionsobjekten innerhalb einer Anwendung und anwendungsübergreifend bei, da die Generierung immer nach den selben Regeln durchgeführt wird und somit unter den gleichen Voraussetzungen auch die gleichen Gestaltungsvorschläge liefert.

2.3.3 Anforderungen an den Entwicklungsprozeß

Der DIN Fachbericht 15 /43/ sieht in den "Bedienoberflächen" und der "Benutzerführung" eine Basisfunktion, die von allen Anwendungsfunktionen im Unternehmen benötigt wird. Es wird deshalb die aus den vier folgenden Schritten bestehende Vorgehensweise zur Entwicklung von dialogorientierten Systemen vorgeschlagen:

- Entwurf der Dialogoberfläche (Prototyp),
- Implementierung der Dialogoberfläche mit Hilfe von Werkzeugen,
- Evaluierung der Einsatzfähigkeit und Akzeptanz der Benutzungsoberfläche,
- Implementierung der Berechnungsroutinen.

Um einen solchen Entwicklungsprozeß, der zu aufgabenangemessenen und benutzerorientierten Anwendungen führen soll, zu unterstützen, sind die Entwicklung und der Einsatz von neuen Werkzeugen notwendig. Diese Werkzeuge haben folgende Anforderungen zu erfüllen:

- Frühzeitige und fortlaufende Einbeziehung der Anwender bei der Entwicklung
  Bereits Wiendahl /220/ weist im Rahmen der Implementierung von Werkstattsteuerungssystemen darauf hin, diejenigen Personen in die Planung mit einzubeziehen, die in Zukunft mit dem System arbeiten werden. Diese Einbeziehung ist auch deshalb notwendig, weil sich in den Unternehmen die tatsächlichen Arbeitsabläufe von den vorgegebenen Arbeitsanweisungen unterscheiden (Albrecht /1/).

- Unterstützung bei der Gestaltung von Benutzungsoberflächen
  Obwohl bereits gute Ansätze zur Gestaltung von Benutzungsoberflächen vorhanden sind, haben Softwareentwickler häufig Schwierigkeiten, diese adäquat umzusetzen (Oetinger /132/). Ursachen dafür können Wissensdefizite im Anwendungsgebiet und bei der software-ergonomischen Gestaltung (Wandke, Beimel und Hüttner /212/), fehlende Werkzeugunterstützung, Terminprobleme und Hardware-Restriktionen sein.

- Unterstützung der Softwareentwicklung durch Prototyping
  Mit Hilfe der Werkzeuge soll es möglich sein, frühzeitig und mit geringem Aufwand Prototypen zu erstellen. Diese Prototypen dienen dazu, den zukünftigen Anwendern eine Vorstellung des Systems zu geben und ihnen so eine aktive Teilnahme an der Entwicklung zu ermöglichen. Dies ist insbesondere in den produzierenden Unternehmen von Bedeutung, da die betroffenen Mitarbeiter zwar Experten für ihre Arbeit sind, aber über wenig EDV-Kenntnisse verfügen.
- Integration von Anwendungsentwicklung und Benutzungsoberflächendesign
  Bei der Entwicklung von Softwaresystemen werden heute verstärkt Werkzeuge wie z. B. CASE-Werkzeuge eingesetzt. Sie tragen insbesondere in den frühen Phasen der Entwicklung, d. h. der Analyse und dem Design, zu einem besseren Systemverständnis und einem strukturierteren Vorgehen bei. Die mit Hilfe dieser Werkzeuge erfaßte Information soll auch für den Entwurf und die Erstellung der Benutzungsoberfläche genutzt werden. Dies scheitert an der vielfach geforderten, aber heute noch fehlenden Integration von Anwendungsentwicklung und Benutzungsoberflächendesign sowohl auf der methodischen Ebene als auch auf der Werkzeugebene (Eberleh et al. /48/). Durch diese Integration kann zum einen ein Mehraufwand, der durch mehrfaches Erfassen derselben Information bei verschiedenen Entwicklungsaktivitäten entsteht, vermieden, und zum anderen die Konsistenz der Entwicklungsdaten sichergestellt werden.

Es fehlen somit Werkzeuge, die eine integrierte Entwicklung von Anwendungsfunktionalität und Benutzungsoberfläche gewährleisten und Hilfestellung bei der software-ergonomischen Gestaltung liefern.

3 Zielsetzung und Vorgehensweise der Arbeit

3.1 Zielsetzung

Ziel der vorliegenden Arbeit ist es, ein Verfahren zur automatischen Generierung von software-ergonomisch gestalteten Benutzungsoberflächen aus Datenmodellen zu entwickeln. Das Verfahren dient zum einen dazu, den Herstellern von betrieblichen Informationssystemen bei der software-ergonomischen Gestaltung Hilfestellung zu leisten und zum anderen dazu, durch frühzeitige Einbeziehung von Benutzern die korrekte Erfüllung der Anforderungen zu gewährleisten (Mantey und Teorey /105/; Karat /92/). So kann das Risiko unzulänglicher Funktionalität und der damit verbundene Wartungsaufwand vermindert, die Benutzbarkeit gesteigert und insgesamt die Wettbewerbsfähigkeit des Produkts erhöht werden.

Die folgenden Teilziele präzisieren das globale Ziel der Arbeit:

- Entwicklung eines Modellierungsformalismus zur Ableitung der Benutzungsoberfläche aus dem Datenmodell und damit Verwendung eines gemeinsamen abstrakten Modells sowohl für die Anwendung als auch für die Benutzungsoberfläche.
- Umsetzung software-ergonomischer Gestaltungsrichtlinien in rechnergestützte Regeln.
- Entwurf und Realisierung eines rechnergestützten Systems zur Generierung von Benutzungsoberflächen unter Einbeziehung software-ergonomischer Gestaltungsregeln.
- Erstellung einer Benutzungsoberfläche für die Auftragsabwicklung in einem PPS-System mit dem entwickelten System und deren Evaluation.

3.2 Vorgehensweise

In Kapitel 2 wurden die bei der Gestaltung von betrieblichen Informationssystemen auftretenden Probleme und der technologische Wandel, dem diese Systeme unterliegen dargelegt. Daraus abgeleitet wurden die Anforderungen, die an die Oberflächengestaltung betrieblicher Informationssysteme und deren Entwicklung gestellt werden.

In Kapitel 4 werden die softwaretechnischen Voraussetzungen und die vorhandenen Methoden für die Entwicklung von software-ergonomisch gestalteten Informationssystemen untersucht. Basierend auf diesen Ergebnissen werden die geeigneten Methoden für eine integrierte Entwicklung von Anwendung und Benutzungsoberfläche ausgewählt.

In Kapitel 5 wird eine Vorgehensweise zur Generierung von software-ergonomisch gestalteten Benutzungsoberflächen aus Software-Engineering-Modellen entwickelt. Dabei wird ein Modellierungsformalismus definiert, der beschreibt, wie auf hoher Abstraktionsstufe die Benutzungsoberfläche spezifiziert werden kann. Software-ergonomische Gestaltungsrichtlinien werden in Regeln überführt, so daß ihre praktische Umsetzung automatisiert werden kann. Durch diese Vorgehensweise wird so zum einen die software-ergonomische Gestaltung der Anwendungen sichergestellt und zum anderen durch einfaches und schnelles Prototyping die frühzeitige Einbeziehung der Benutzer gewährleistet.

In Kapitel 6 wird eine Werkzeugumgebung (GENIUS - Generator for User Interfaces Using Software Ergonomic Rules) für die Vorgehensweise realisiert und deren Implementierung erläutert. Den Kern der Werkzeugumgebung bildet ein regelbasiertes System zur Generierung der Benutzungsoberflächenbeschreibung und deren Abbildung auf die Beschreibungssprache eines UIMS. Durch diesen Abbildungsschritt wird die Unabhängigkeit von einem bestimmten UIMS gewährleistet.

Die Anwendung der entwickelten Vorgehensweise und der Einsatz der realisierten Werkzeugumgebung werden bei der Entwicklung einer Benutzungsoberfläche für den kundennahen Bereich der Auftragsabwicklung in einem PPS-System erprobt und in Kapitel 7 beschrieben. Dabei wird neben der Neuentwicklung eines Informationssystems gezeigt, wie das hier vorgeschlagene Verfahren für die Migration von alphanumerischen zu graphischen Benutzungsoberflächen bei vorhandenen Systemen einzusetzen ist. Die entwickelte Vorgehensweise wird hinsichtlich ihrer Tauglichkeit untersucht und bewertet.

Kapitel 8 diskutiert die Stärken und Schwächen der entwickelten Vorgehensweise und zeigt Erweiterungen für neue technologische Entwicklungen auf.

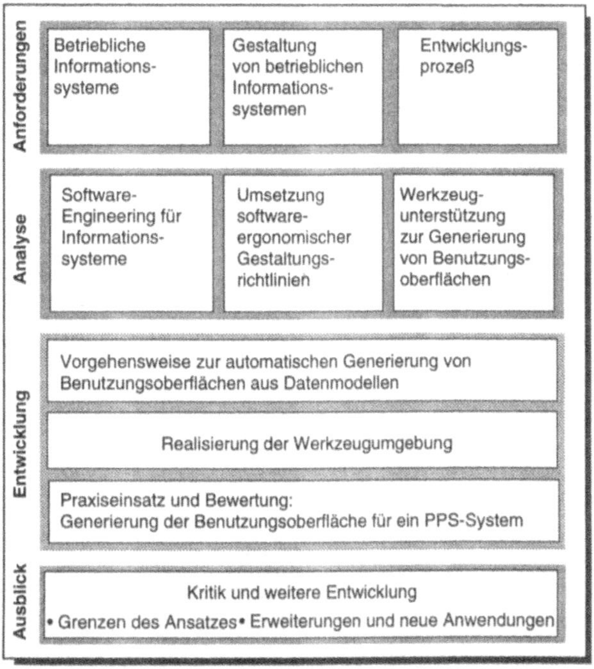

Abbildung 3.1: Vorgehensweise bei der Entwicklung eines Verfahrens zur automatischen Generierung von software-ergonomisch gestalteten Benutzungsoberflächen

4 Entwicklung von Informationssystemen

4.1 Software-Engineering für Informationssysteme

Informationssysteme sind selbst Produkte, die ähnlichen Marktbedingungen unterliegen wie die Produkte der Fertigungsindustrie:

- hohe Innovationsgeschwindigkeit,
- kurze Produktlebenszyklen,
- Einhaltung des vorgegebenen Zeit- und Kostenrahmens,
- Sicherstellung der geforderten Qualität.

Aus diesem Sachverhalt heraus ergibt sich bei der Softwareentwicklung immer mehr die Notwendigkeit, durch ingenieurmäßiges Vorgehen, d. h. durch standardisierte Abläufe nach anerkannten Regeln, Softwareprodukte mit gesicherter Qualität herzustellen (Bullinger /27/). In Analogie zur klassischen Produktentwicklung in der Industrie wurde dafür der Begriff Software-Engineering (IEEE /84/; Fairley /54/) geprägt. Voraussetzung für eine ingenieurmäßige Softwareentwicklung sind explizit meßbare, validierbare und anpaßbare Modelle (Rombach /157/). Im Rahmen des Software-Engineerings wurden deshalb Vorgehensmodelle zur Steuerung des Software-Entwicklungsprozesses entwickelt. Diese Modelle enthalten Methoden für die einzelnen Aktivitäten innerhalb des Software-Entwicklungsprozesses und Werkzeuge, die den Einsatz der Methoden unterstützen (Smith und Oman /181/; Wallmüller /209/). Der Schwerpunkt liegt dabei jedoch auf der Entwicklung des Anwendungscodes. Der Entwurf und die Erstellung der Benutzungsoberflächen wird nicht explizit unterstützt. Im folgenden werden deshalb die Eigenschaften von Vorgehensweisen, Methoden und Werkzeugen sowie deren Möglichkeiten für den Benutzungsoberflächenentwurf untersucht.

4.1.1 Vorgehensmodelle

Vorgehensmodelle legen die einzelnen Aktivitäten, die zur Erstellung der Software notwendig sind, und die Reihenfolge ihrer Durchführung fest. Es wird hier zwischen stark phasenorientierten Vorgehensmodellen wie dem Wasserfallmodell (Boehm /10/) oder V-Modell (Bröhl und Dröschel /18/) und iterativen Vorgehensmodellen wie dem Spiralmodell (Boehm /11/) oder dem Prototypingmodell (Floyd /57/) unterschieden.

4.1.1.1 Wasserfallmodell

Die phasenorientierten Modelle (Boehm /10/) decken den gesamten Lebenszyklus eines Softwareprodukts durch Unterteilung in einzelne Phasen ab. Die phasenorientierten Modelle eignen sich zwar durch die vordefinierten Projektabschnitte und Meilensteine gut zur Projektsteuerung, werden aber den Änderungen, denen ein Softwareprodukt bereits bei der Erstellung unterliegt, nicht gerecht. Tabelle 4.1 zeigt die allgemein übliche Phasenunterteilung im Wasserfallmodell sowie dessen Vor- und Nachteile.

4.1.1.2 V-Modell

Vor dem Hintergrund der europäischen Standardisierungsbestrebungen bei der Softwareentwicklung entstand in Deutschland das V-Modell (Bröhl und Dröschel /18/). Primäres Ziel dieser Standardisierung ist es, in einem gemeinsamen europäischen Markt Software und deren Erstellungsprozeß sowohl für den Käufer als auch für den Hersteller transparent zu gestalten.

Das V-Modell ist ein generisches Prozeßmodell, das die Softwareentwicklung aus der technisch-funktionalen Sicht beschreibt. Der Prozeß der Softwareerstellung wird als Folge von Aktivitäten definiert, die in vier Tätigkeitsbereiche (vgl. Tabelle 4.1) unterteilt sind. Zu jeder Aktivität ist spezifiziert, welche Produkte erzeugt oder bearbeitet werden.

Es handelt sich hierbei um ein stark formalisiertes Modell, das an die firmenspezifischen Gegebenheiten angepaßt werden kann. Ein Vorteil des V-Modells ist, daß phasenübergreifende Tätigkeiten wie Projektmanagement und Qualitätssicherung detailliert beschrieben werden und in den Aktivitäten eine Rollenzuordnung der verantwortlichen Personen stattfindet.

4.1.1.3 Spiralmodell

Im Spiralmodell (Boehm /11/) wird ein Softwareprodukt evolutionär entwickelt, indem die linearen Entwicklungsschritte des phasenorientierten Modells zyklisch durchlaufen werden. Tabelle 4.1 zeigt die Bestandteile eines Umlaufs im Spiralmodell. Durch Risikoanalysen unter Einsatz von Techniken wie Prototyping, Benutzerbefragungen, Simulation und analytischen Modellen werden die Alternativen in den einzelnen Zyklen bewertet. Nachdem eine stabile Lösung gefunden wurde, wird das Konzept für die nächste Phase erarbeitet. Durch die iterative Vorgehensweise und die Erstellung von Prototypen in den einzelnen Stufen ist eine Einbeziehung des Benutzers möglich.

Ein Vorteil dieses Modells liegt in der Erkennung von Fehlern und Alternativen in sehr frühen Phasen des Software-Lebenszyklus. Durch das Ermitteln und Bewerten von Alternativen wird die Wiederverwendung bereits vorhandener Software unterstützt.

Eine Schwierigkeit bei der Anwendung des Spiralmodells liegt in der Abschätzung der Risiken. Dazu ist ein gewisses Maß an Erfahrung notwendig und die Unterstützung durch eine bereits erprobte Vorgehensweise.

4.1.1.4 Prototypingmodell

Prototypingmodelle eignen sich besonders für die iterative Entwicklung interaktiver Anwendungen und ermöglichen die frühzeitige Einbeziehung des späteren Benutzers in den Entwicklungsprozeß (vgl. Floyd /57/). In jedem Stadium der Entwicklung muß jedoch deutlich werden, welche Eigenschaften des Prototypen als charakteristisch für das Zielsystem zu sehen sind und welche nur seinem vorläufigen Charakter entsprechen. Prototypen werden deshalb nach ihrer Zielsetzung und ihrer funktionalen Ausrichtung unterschieden (vgl. Tabelle 4.1).

Kritisch wirkt sich das Prototyping auf das Projektmanagement aus, da es an definierten Phasen fehlt, die einen strukturierten Projektablauf vorgeben.

4.1.1.5 Bewertung der Vorgehensmodelle

Für die in Tabelle 4.1 vorgenommene Bewertung der beschriebenen Vorgehensmodelle werden folgende Kriterien herangezogen:

- Bestandteile
  Die Bestandteile beschreiben die einzelnen Elemente, in die ein Vorgehensmodell den Software-Entwicklungsprozeß unterteilt bzw. beim Prototypingmodell welche verschiedenen Arten es geben kann.
- Typ
  Die Charakterisierung erfolgt hier im Hinblick auf die zeitliche Abfolge bei der Durchführung der Aktivitäten.
- Komplexität
  Die Komplexität (Chroust /35/) beschreibt den Detaillierungsgrad des Vorgehensmodells und ist somit umgekehrt proportional zur Einfachheit seiner Anwendungen.
- Vollständigkeit
  Die Vollständigkeit (Wallmüller /209/; Hayessen /75/) bezieht sich auf die Phasen und Aktivitäten, die ein Vorgehensmodell unterstützt. Dies zeigt inwieweit die Unterstützung über den eigentlichen Entwicklungsprozeß hinausgeht und explizit Projektmanagement und Qualitätssicherung miteinbezieht.
- Modularität
  Die Modularität (Wallmüller /209/; Raasch /151/; Chroust /35/) gibt an, inwieweit das Vorgehensmodell den Projektablauf in überschaubare, getrennt bearbeitbare Abschnitte unterteilt, die einfach zu planen und zu steuern sind.
- Systematik
  Das Vorgehensmodell soll dazu beitragen, eine einheitliche Systematik (Wallmüller /209/) im Projektablauf zu etablieren und dadurch die Verständlichkeit sowie die Übersichtlichkeit zu fördern.
- Allgemeingültigkeit
  Die Anwendung des Vorgehensmodells muß unabhängig vom Anwendungsbereich und der Projektart, die durch Projektgröße, Standard- oder Individualprojekte charakterisiert wird, sein (Wallmüller /209/).
- Anpaßbarkeit
  Trotz der geforderten Allgemeingültigkeit muß ein Vorgehensmodell an die organisatorischen, firmen- und projektspezifischen sowie softwaretechnischen Gegebenheiten anpaßbar

sein, so daß es nicht zur Verschwendung von Ressourcen durch die Erfüllung unnötiger formaler Anforderungen kommt (Wallmüller /209/; Raasch /151/).

- Rechnerunterstützung
  Ein sinnvoller Einsatz eines Vorgehensmodells ist nur mit der entsprechenden Rechnerunterstützung möglich (Wallmüller /209/; Chroust /35/), die dessen Umsetzung gewährleistet und seine Anpaßbarkeit sowie Erweiterbarkeit erleichtert.
- Benutzerpartizipation
  Aufgrund der notwendigen frühzeitigen Einbeziehung der Benutzer in die Softwareentwicklung muß diese auch formal im Vorgehensmodell verankert sein (Bröhl und Dröschel /18/; Ott /143/).

	Wasserfallmodell	**V-Modell**	**Spiralmodell**	**Prototyping**
Bestandteile	**Phasen:** - Anforderungs-analyse - Designphase - Implementierungs-phase - Integration und Test - Wartung	**Submodelle**: - Softwareerstellung - Qualitätssicherung - Konfigurations-management - Projektmanagement	**Bestandteile eines Spiralumlaufs:** - Identifikation und Definition - Bewertung der Alternativen - Verifikation - Planung	**Unterscheidung nach Zielsetzung:** - explorativ - experimentell - evolutionär **funkt. Ausrichtung:** - horizontal - vertikal - diagonal
Typ	sequentiell	sequentiell	evolutionär	evolutionär
Komplexität	◑	●	●	○
Vollständigkeit	◑	●	◑	○
Modularität	◑	●	●	○
Systematik	●	●	●	○
Allgemeingültigkeit	○	◑	◑	●
Anpaßbarkeit	○	◑	◑	●
Rechnerunter-stützung	●	◑	○	◑
Benutzer-partizipation	○	◑	●	●
Nachteile	- inflexibel - keine Berücksichtigung von Risikofaktoren - reale Projekte folgen keinem sequentiellen Ablauf - Ergebnisse für den Anwender erst am Ende sichtbar	- starre Phasen - geringe Einbeziehung der Benutzer	- Iterationen konvergieren nicht notwendigerweise - Risikoabschätzung schwierig	- keine Projektorganisation - hoher Kommunikations- und Abstimmungsaufwand - schwierige Zielkontrolle
Vorteile	- abgeschlossene Einheiten - definierte Ergebnisse	- Detaillierung - Projektmanagement - Qualitätssicherung - Anpaßbarkeit - Rollen	- Risikoabschätzungen - gleichermaßen anwendbar für Wartung und Neuentwicklungen	- frühzeitige Benutzerbeteiligung - Anpaßbarkeit - Flexibilität

Tabelle 4.1: Vergleich von Vorgehensmodellen.
Legende: ● - hoch, ◑ - mittel, ○ - gering

Da der Software-Entwicklungsprozeß nicht sequentiell, sondern sowohl innerhalb einer Phase als auch phasenübergreifend (Hatley und Pribhai /72/) stark iterativ ist, werden reine Phasenmodelle realen Projekten nicht gerecht.

Ebenso fehlt es an konkreten Angaben, wie die Benutzer inhaltlich und organisatorisch erfolgreich in den Software-Entwicklungsprozeß eingebunden werden können, obwohl in der Literatur explizit auf die Bedeutung der frühzeitigen Beteiligung des Benutzers hingewiesen wird (Martin und McClure /107/; Aschersleben und Zang-Scheucher /4/) und deren positive Auswirkung durch empirische Untersuchungen (Strohm /191/) bestätigt wurde.

Bei der Softwareerstellung werden heute vermehrt traditionelle Entwicklungsmethoden, die in der Regel ein phasenorientiertes Vorgehen unterstützen, in Kombination mit Prototyping verwendet (Floyd /57/; Kieback et al. /94/). Zusätzlich zur Spezifikation werden Prototypen der Benutzungsoberfläche erstellt, die Aussehen und Funktionalität der Anwendung zeigen. Rudd und Isensee /160/ sprechen in diesem Zusammenhang auch von einer "lebenden Spezifikation". Für die Benutzer steht somit nicht nur eine abstrakte Beschreibung der Anwendung in Form von Diagrammen zur Verfügung, sondern ein bereits ausführbares System, anhand dessen sie ihre Anforderungen überprüfen können. Die Spezifikation wird auf diese Weise iterativ erweitert und an die Benutzeranforderungen angepaßt.

Diese prototyp-orientierte Vorgehensweise (Pomberger et al. /149/) erfordert die zeit- und kostengünstige Erstellung von Prototypen. Dazu stehen verschiedene Werkzeuge zur Verfügung (Budde et al. /21/), unter anderem Maskengeneratoren oder auch User Interface Management Systeme. Diese Werkzeuge bieten zwar hinreichende Möglichkeiten zur Erstellung von Benutzungsoberflächen, aber sie haben keinen direkten Bezug zu der bereits erstellten Spezifikation. Diese fehlende Verbindung zwischen Prototyp und Spezifikation kann zu Inkonsistenzen (Foley /58/) führen.

Aus diesem Grund sind die Software-Engineering-Methoden zum einen im Hinblick auf die Modellierungsmöglichkeiten für Benutzungsoberflächen zu untersuchen und zum anderen darauf, welche Information sie für deren Design zur Verfügung stellen. Ein Schwerpunkt wird dabei auf die Methoden zur Datenmodellierung gelegt, da sie die Elemente der Anwendung enthalten, die auch den Ausgangspunkt für eine graphische, objektorientierte Benutzungsoberfläche bilden. Im Anschluß daran werden die Ansätze untersucht, die sich mit der Integration von Software-Engineering-Techniken und Benutzungsoberflächendesign beschäftigen.

4.1.2 Methoden und Techniken in der Softwareentwicklung

Eine Methode beschreibt die Schritte, die zur Durchführung einer Aktivität im Vorgehensmodell benötigt werden und ordnet ihnen die entsprechenden Techniken und Notationen zu. Die verschiedenen Methoden haben alle zum Ziel, die Softwareentwicklung zu strukturieren und durch eine geeignete Zerlegung die Komplexität der Anwendungen zu reduzieren.

Zu Beginn des Software-Engineerings wurde strikt nach funktions- und datenorientierten Zerlegungsmethoden unterschieden. Heute wird ein Methodenverbund aus der funktions- und datenorientierten Sichtweise auf ein System angewendet (Yourdon /222/; Peters /147/; Hatley und Pribhai /72/). Bei Echtzeitsystemen (Hatley und Pribhai /72/; Ward und Mellor /214/) erfolgt eine Erweiterung um den Steuerungsaspekt. In den letzten Jahren sind objektorientierte Methoden hinzugekommen, die Funktionen und Daten als eine Einheit behandeln.

4.1.2.1 Funktionsorientierte Modellierung

Bei den Methoden der funktionalen Modellierung stehen die Funktionen, die ein System erfüllen soll, im Vordergrund. Dabei werden zuerst die Hauptfunktionen identifiziert und durch schrittweise Verfeinerung immer weiter aufgegliedert. Vernachlässigt werden die Datenstrukturen. Funktionale Methoden sind für deterministische Systeme geeignet, die keinen großen Änderungen mehr unterworfen sind. Systeme dieser Art gibt es jedoch kaum, da die Funktionen den Teil der Anwendung darstellen, der den meisten Änderungen unterworfen ist. Die frühen Methoden der Strukturierten Analyse (DeMarco /41/; Gane und Sarson /62/) unterstützen diese Vorgehensweise.

4.1.2.2 Ereignisorientierte Modellierung

Um den Schwachstellen der funktionalen Modellierung entgegenzuwirken, wurde die Vorgehensweise bei der Strukturierten Analyse dahingehend verbessert, bei der Analyse mit der Definition der Ereignisse zu beginnen, die von außen an das System herangetragen werden und auf die das System reagiert (Yourdon /222/; McMenamin und Palmer /112/). Bei dieser ereignisorientierten Betrachtung werden Funktionen, die das System bereitstellen muß, um auf ein Ereignis zu reagieren, gemeinsam mit den dazu benötigten Daten betrachtet. Damit rückt die ereignisorientierte Modellierung in die Nähe des objektorientierten Ansatzes.

Um die relevanten zeitlichen Aspekte für Echtzeitsysteme modellieren zu können, wurde der ereignisorientierte Ansatz um Kontrollstrukturen erweitert (Ward und Mellor /214/; Hatley und Pribhai /72/).

4.1.2.3 Datenorientierte Modellierung

Bei den datenorientierten Modellen stehen die Datenstrukturen im Vordergrund. Die Grundlagen für die datenorientierte Modellierung kommen aus dem Datenbankentwurf, wo eine 3-Ebenenhierarchie (ANSI /2/) verwendet wird, um die für ein Datenbanksystem notwendige physische und logische Datenunabhängigkeit zu gewährleisten (Schlageter und Stucky /168/; Date /39/). Die klassischen Datenmodelle (Schlageter und Stucky /168/) wie das hierarchische Modell, das Netzwerkmodell und das Relationenmodell (Date /38/) sind zu datenbankschemaspezifisch, um den durch eine konkrete Anwendung gegebenen Ausschnitt der realen Welt abstrakt zu modellieren.

Um zusätzliche Abstraktionsmechanismen zur darstellungsunabhängigen Beschreibung der Informationsstruktur einer Anwendung zur Verfügung zu stellen, entstanden semantische Datenmodelle (Peckham und Maryanski /145/; Hull und King /80/). Diese Datenmodelle werden zur Datenmodellierung auf der konzeptuellen Ebene verwendet und bilden die relevanten semantischen Konzepte der Anwendung ab.

Das Entity-Relationship-Modell (Chen /34/) war das erste Modell, mit dem eine Anwendung darstellungsunabhängig beschrieben und dann in die klassischen Datenmodelle überführt werden konnte.

Um komplexe Anwendungen besser modellieren zu können, wurden im Laufe der Jahre Erweiterungen eingeführt, wie z. B. EER (Extended Entity-Relationship-Model) (Teorey, Yang und Fry /199/), SERM (Strukturiertes Entity-Relationship-Modell) (Sinz /178/) und Ansätze wie NF^2 (Non First Normal Form) (Schek und Scholl /166/; Weisbecker /216/), die die Atomarität der Attribute in der ersten Normalform aufheben.

Semantische Datenmodelle (vgl. Tabelle 4.2) verfügen über weitere Abstraktionsmechanismen wie Generalisierung/Spezialisierung (Smith und Smith /182/), Aggregation (Smith und Smith /182/), Klassifizierung (Brodie /17/) und Gruppierung (Assoziation) (Brodie /17/; Teorey et al. /200/), um die speziellen Beziehungen der Elemente im Anwendungsbereich entsprechend abbilden zu können.

Alle Modelle unterstützen einfache Attribute und Identifikatoren zur eindeutigen Kennzeichnung von Elementen. Darüber hinaus können aus der Aggregation von einfachen Attributen komplexe Attribute gebildet werden und mehrwertige Attribute zulässig sein (Hull und King /80/; Jorysz, Vernadat /91/) . Zur Berechnung von Attributen aus bereits vorhandener Information werden abgeleitete Attribute verwendet (Rauh /153/; Jorysz und Vernadat /91/).

Zum Teil erlauben die Datenmodelle die Bildung von Hierarchien zur Reduktion der Komplexität bei der Darstellung sowie die Vererbung in Anlehnung an objektorientierte Modellierungsmethoden (Peckham und Maryanski /145/). Der Struktur eines Datenmodells liegt entweder ein Netzwerk oder ein hierarchischer Aufbau zugrunde.

Gegenüber der statischen Modellierung wird die Modellierung der dynamischen Aspekte (Böhnlein, Nittel und Dittrich /12/; Peckham und Maryanski /145/) bei den Datenmodellen vernachlässigt. Eine Ausnahme bildet hier z. B. SAM* (Su /192/), (Su /193/), bei dem die Operationen direkt den Objekttypen zugeordnet sind oder SHM+ (Brodie /17/; Brodie, Ridjanovic /16/), bei dem abstrakte Datentypen verwendet werden, um Datenobjekte und die zugeordneten Transaktionen darzustellen.

Eine umfassende datenorientierte Darstellung für Industriebetriebe liefert (Scheer /164/, /165/), mit einem unternehmensweiten Datenmodell für die funktionsbezogenen Informationssysteme im Unternehmen. Scheer bezeichnet das Entity-Relationship-Modell nach Chen als das gegenwärtig geeignete Beschreibungsverfahren für Datenstrukturen. Er erweitert das traditionelle Entity-Relationship-Modell jedoch noch um Generalisierung/Spezialisierung, Gruppierung und die Uminterpretation von Beziehungstypen in Entitytypen, so daß sie ebenfalls als Ausgangspunkte für Beziehungen dienen können. Die Kardinalitäten werden in (min., max.) Notation dargestellt und existentielle/identifikatorische Abhängigkeiten eingeführt.

	Beziehung		Abstraktions-mechanismen				Attribute								
	Darstellung	Kardinalität	Generalisierung	Aggregation	Klassifizierung	Gruppierung	Identifikator	einfaches Attribut	komplexes Attribut	mehrwertiges Attribut	abgeleitetes Attribut	Existenzabhängigkeit	Vererbung	Strukturierung	Dynamische Modellierung
Entity-Relationship-Modell nach Chen /34/	Relation	1:1, 1:n, n:m					●	●				●		N	
Entity-Relationship-Modell nach Scheer /164/, /165/	Relation, Uminter-pretation Beziehung in Entitytyp	(min, max)-Notation	●	●		I	●	●				●		N	
SAM* (Semantic Association Model) /192/, /193/	Relation		●	●	●	●	●	●					●	N	oo
SDM (Semantic Database Model) /145/	Relation		●	●	●	●	●	●			●			H	
SERM (Strukturiertes Entity-Relationship-Modell) /178/	Relation, Entity-Relation-ship-Typ	(min, max)-Notation					●	●				●		H	
SHM+ (Extended Semantic Hierarchy Model) /16/, /17/	Attribute, Entities		●	●		●	●	●					●	H	TM
SHO (Semantisch-hierarchisches Objektmodell) /182/	abstrakte Objekte		●	●	●	●	●	●					●	H	
CIM-OSA, Information View /90/, /91/, /97/	Relation	(min, max)-Notation	●	●	●		●	●	●	●	●	●		H	

Tabelle 4.2: Modellierungskonzepte und Abstraktionsmechanismen von semantischen Datenmodellen

Legende: ● - Kriterium erfüllt, I - implizit durch 1:n Beziehung
N - Netzwerk, H - Hierarchie
oo - objektorientiert, TM - Transaktionsmodellierung

Das Rahmenkonzept für die Architektur von CIM-Systemen CIM-OSA (Jorysz und Vernadat /90/, /91/; Klittich /97/) unterscheidet für die Beschreibung eines Informationssystems vier Sichten: die Beschreibung der Vorgänge (funktionale Sicht), die Datensicht (Informationssicht), die informations- und produktionstechnischen Ressourcen (Ressourcensicht) und die organisatorischen Aspekte (Organisationssicht). Die in CIM-OSA verwendete Informationsmodellierung benutzt Abstraktionsmechanismen sowohl auf der Objekt- als auch auf der Hierarchieebene und unterstützt zahlreiche Attributtypen.

Daten stellen eine strategische Unternehmensressource dar, die gegenüber Veränderungen stabiler ist, als die Funktionen zur Bearbeitung dieser Daten (Raasch /151/; Kernler /93/; Kurbel /99/). Dies wird bei der objektorientierten Modellierung genutzt (Meyer /116/). Auch die Erwartung der Unternehmen im Hinblick auf den mit der Datenmodellierung zu erzielenden Nutzen ist groß (Zandt /223/). Dabei stehen die Erhöhung der Qualität, eine verbesserte Kommunikation und die Produktivitätssteigerung im Vordergrund.

Aufgrund der im Datenmodell enthaltenen Informationen und aufgrund des hohen Stellenwertes, der der Datenmodellierung bei der Softwareentwicklung zukommt, bildet das Datenmodell die Grundlage sowohl für die Entwicklung der Anwendungsfunktionalität als auch für das Benutzungsoberflächendesign.

Die Verwendung dieser Beschreibungsmethoden aus dem traditionellen Software-Engineering bietet die Möglichkeit, eine Integration von Benutzungsoberfläche und Anwendung bei der Entwicklung zu erreichen.

4.1.2.4 Objektorientierte Modellierung

Bei der objektorientierten Modellierung liegt der Schwerpunkt der Betrachtung auf den Daten. Sie werden jedoch nicht als Ein- und Ausgabedaten für die Funktionen gesehen, sondern bilden gemeinsam mit diesen eine Einheit. Auf diese Weise werden Software-Entwicklungsprinzipien wie Kapselung, Information Hiding und Abstraktion unterstützt (Parnas /144/) und durch objektorientierte Konzepte wie Klassifizierung, Vererbung, und Polymorphismus (Meyer /116/) angereichert.

Die objektorientierte Zerlegung führt in der Regel zu in sich abgeschlossenen Einheiten mit einem hohen Wiederverwendungsgrad. Zu der objektorientierten Vorgehensweise haben sich in den letzten Jahren verschiedene Analysemethoden etabliert, die zum Teil auf den Methoden der Strukturierten Analyse aufbauen (Shlaer und Mellor /172/, /173/; Rumbaugh et al. /161/) oder von Grundlagen der Objektorientierung wie der Klassifikationstheorie (Coad und Yourdon /36/) ausgehen. OOSE von Jacobson /87/ ist die einzige Methode, die explizit Objekte für die Schnittstelle hat. Allerdings reicht dies für eine vollständige Benutzungsoberflächenmodellierung nicht aus.

4.1.2.5 Zusammenfassender Vergleich von Software-Engineering-Methoden

Die Modellierungsmethoden unterscheiden sich hinsichtlich folgender Eigenschaften:

- Zweck der Modellierung
  Die Modellierung kann sich auf das gesamte Unternehmen erstrecken oder nur auf einzelne Systeme (Wiendahl /220/).
- Modellierungsgegenstand
  Entsprechend der Zerlegungsstrategie stehen bei den Modellierungsmethoden verschiedene Elemente im Vordergrund. In der Regel sind zur Modellierung eines Systems mehrere Elemente zu betrachten, die sich gegenseitig ergänzen (Martin und McClure /107/; Mertens, Süssenguth und Jochem /115/).
- Phasen
  Die Modellierungsmethoden unterstützen unterschiedliche Phasen des Entwicklungsprozesses. Anzustreben ist hier die Durchgängigkeit einer Methode für alle Phasen (Mertens, Süssenguth, Jochem /115/; Raasch /151/).
- Methodeneigenschaften
  Die Eigenschaften der Methoden beziehen sich auf ihre Darstellung und ihre Handhabbarkeit. Die Methoden sollen über eine graphische Darstellung verfügen, da so mehr Information vermittelt werden kann. Die leichte Erlernbarkeit ermöglicht es den Entwicklern, sich auf die Anwendung zu konzentrieren und nicht auf die Handhabung der Methode. Die mit der Methode erzeugte Darstellung der realen Welt sollte einfach zu verstehen sein, so daß auch dem EDV-unerfahrenen Benutzer die Modelle ein Bild der zukünftigen Anwendung vermitteln können (Martin und McClure /107/).
- Ableitbarkeit
  Es sollte möglich sein aus den Modellen, Teile der Implementierung abzuleiten. Dies bezieht sich sowohl auf den Programmcode bzw. Coderahmen und auf die Ableitung von Datenbankbeschreibungen als auch auf die Ableitung von Benutzungsoberflächen (Martin und McClure /107/).
- Werkzeugunterstützung
  Die Methoden lassen sich nur dann sinnvoll, d. h. leicht änderbar einsetzen, wenn sie rechnergestützt sind (Wiendahl /220/; Yourdon /222/).

Tabelle 4.3 zeigt, daß in erster Linie die datenorientierten Methoden zur Erstellung der Benutzungsoberfläche herangezogen werden können. Sie stellen die Daten der Anwendung dar, die zur Bearbeitung benötigt werden und dem Benutzer über die Benutzungsoberfläche zugänglich zu machen sind.

	Software-Engineering-Methoden															
	ereignis-orientiert		funktionsorientiert										objektorientiert			
						datenorientiert										
Methoden	SA	GRAI	HIPO	SA	RT	SADT	IDEF	W/Orr	JSD	ER	SM	IE	OOA, CY	OOA, SM	OMT	OOSE
Zweck:																
Unternehmens-modellierung		●										●				
System-modellierung	●	●	●	●	●	●	●	●	●	●	●	●	●	●	●	●
Subjekte:																
Funktionen	●		●	●	●	●	●					●	●	●	●	●
Daten	●			●	●	●	●	●	●	●	●	●	●	●	●	●
Ablauf		●			●		●					●		◑	◑	●
Phasen:																
Analyse	●	●		●	●	●	●	●	●	●	●	●	●	●	●	●
Design			●				●	●	●			●	●	●	●	●
Implementierung																
Struktur:																
Hierarchie	●	●	●	●	●	●	●	●	●		●	●	●	●	●	●
Netz										●						
Eigenschaften:																
graphisch	●	●	●	●	●	●	●	●	●	●	●	●	●	●	●	●
schrittweise Verfeinerung								●	●			●				
leicht erlernbar			◑	●	○	●	●	●	●	●	◑	●	●			●
schnell zu zeichnen und zu ändern			◑		◑						◑	●	●			◑
selbsterklärend			○		○	●	●	◑	●	●	◑	●	●			◑
benutzerfreundlich	●	◑	○	●	○	●	●	◑	●	●	◑	●	●	◑	◑	●
Ableitbar:																
Coderahmen						◑		●	●							
Code													◑	◑	◑	◑
Datenstrukturen								●	●				◑	◑	◑	◑
Datenbank-beschreibung										●					◑	◑
Benutzungs-schnittstelle										◑	◑	◑	◑			◑
Werkzeugunter-stützung	●	●	●	●	●	●	●	●	●	●	◑	●	●	●	●	●

Tabelle 4.3: Vergleich von Software-Engineering-Methoden

Legende: ● - voll erfüllt, ◑ - teilweise erfüllt, ○ - nicht erfüllt

SA, MP: Strukturierte Analyse /41/, /62/
GRAI: GRAI-Methode /31/, /32/, /156/
HIPO: Hierarchy plus Input-Process-Output /188/, /222/
SA: Strukturierte Analyse, ereignisorientiert /222/, /112/
SADT: Structured Analysis and Design Technique /159/
IDEF: ICAM (Integrated Computer Aided Manufacturing) Definition Language /220/, /14/, /15/
RT: Strukturierte Analyse für Echtzeitsysteme /72/, /214/
W/Orr: Warnier/Orr /107/, /56/, /141/

JSD:	Jackson System Development /107/, /56/
ER:	Entity-Relationship-Modell /34/
SM:	Semantische Datenmodelle /17/, /179/, /69/, /192/
IE:	Information Engineering /108/, /55/
OOA, CY:	Objektorientierte Analyse nach Coad/Yourdon /36/
OOA, SM:	Objektorientierte Analyse nach Shlaer, Mellor /172/ , /173/
OMT:	Object Modeling Technique /161/
OOSE:	Object-Oriented Software Engineering /87/

4.1.3 Werkzeugunterstützung

Für die meisten graphischen Methoden des Software-Engineerings werden Softwareprodukte angeboten, die die Erstellung und Bearbeitung der Diagramme sowie Konsistenz und Vollständigkeitsprüfungen unterstützen. Diese Werkzeuge werden im allgemeinen unter dem weitreichenden Begriff CASE (Computer Aided Software Engineering) zusammengefaßt (McClure /111/). Einen Überblick über vorhandene Werkzeuge und deren Eigenschaften findet sich in (Weisbecker /217/) sowie in Anhang A. Es gibt nur wenige Werkzeuge, die alle Phasen des Software-Lebenszyklus abdecken. Die meisten (ca. 65 %) sind für die Analyse- und Designphase, nur ca. 20 % unterstützen die Codierung.

Neben den CASE-Werkzeugen haben sich verschiedene Werkzeuge zur Erstellung von Benutzungsoberflächen etabliert (Myers /125/) (vgl. Abschnitt 4.3). Am verbreitesten sind heute User Interface Management Systeme (UIMS), die die direkt manipulative Erstellung der Benutzungsoberfläche und die Definition des Dialogablaufs ermöglichen.

Software-Entwicklungsprozeß	CASE	UIMS
Ermittlung der Anforderungen	○	○
Lebenszyklusunterstützung		
Aufgabenanalyse	○	○
Systemanalyse/Design	●	
Implementierung	◐	●
Wartung	-	-
Modellierung		
Funktionen	●	○
Daten	●	○
Steuerung	◐	○
Benutzerpartizipation	○	◐
Erstellung von Benutzungsoberflächen	○	●
Gestaltung von Benutzungsoberflächen	○	◐
Berücksichtigung von software-ergonomischen Richtlinien	-	-

Tabelle 4.4: Leistungsfähigkeit von CASE-Werkzeugen und User Interface Management Systemen im Software-Entwicklungsprozeß. Legende: ● - sehr gut geeignet, ◐ - geeignet, ○ - kaum geeignet, - - unberücksichtigt

Bei den CASE-Werkzeugen zeichnet sich die Tendenz ab, Werkzeuge zur Erstellung von Benutzungsoberflächen zu integrieren oder zumindest eine Verbindung dazu herzustellen (Bullinger, Fähnrich und Janssen /22/). So wird die Erstellung von Prototypen und der Benutzungsoberfläche durch CASE-Werkzeuge auf verschiedene Art und Weise unterstützt. Der einfachste Weg ist es, neben dem CASE-Werkzeug ein Werkzeug zur Erstellung der Benutzungsoberfläche zu verwenden und eine Verbindung derart herzustellen, daß das Oberflächenwerkzeug auf die Daten im Data Dictionary zugreifen kann. Je nach Integrationsstufe können die Daten auch von Seiten des Oberflächenwerkzeugs verändert werden. Durchgängige Werkzeuge bieten die integrierte Erstellung von Benutzungsoberflächen an. Hier besteht dann die Möglichkeit, neben der Datendefinition auch die Darstellung der Daten zu definieren.

Es fehlt jedoch bei allen Werkzeugen die Einbeziehung der software-ergonomischen Gestaltungsrichtlinien und die Berücksichtigung der Anwendungssemantik (vgl. Tabelle 4.4).

4.2 Software-Ergonomie

Die Software-Ergonomie ist ein Teilgebiet der Ergonomie, dessen Ziel die Anpassung von Arbeitsbedingungen und Werkzeugen an den Menschen und seine Fähigkeiten ist (Wandmacher /213/). Sie umfaßt die Analyse, Gestaltung und Evaluation interaktiver Rechnersysteme (Bullinger, Fähnrich und Ziegler /25/). Dabei wird die Auswirkung der Benutzungsoberfläche auf den Menschen und die Wirkung von Merkmalen der Benutzungsoberfläche auf die Benutzbarkeit untersucht. Die Benutzbarkeit eines Rechnersystems hat viele Aspekte (Gould /65/), so daß keine genauen Anweisungen gegeben werden können, wie sie zu erreichen ist (Booth /13/). Nach Eason /47/ wird die Benutzbarkeit eines Rechnersystems durch die Eigenschaften des Benutzers, die Merkmale seiner Aufgaben und Tätigkeiten sowie durch die Eigenschaften des Systems bestimmt. Eine mehr operationale Definition von Benutzbarkeit gibt Shackel /171/, der Benutzbarkeit durch Effektivität, Erlernbarkeit, Flexibilität und die Einstellung des Benutzers zum System definiert.

In der Software-Ergonomie wird versucht, die Merkmale, die für die Benutzbarkeit einer Benutzungsoberfläche von Bedeutung sind, anhand von Standards und durch Gestaltungsrichtlinien zu beschreiben. Um den Nutzen der unterschiedlichen Richtliniensammlungen für die software-ergonomische Gestaltung von Benutzungsoberflächen zu klassifizieren, wurden bei Smith /180/ die folgenden Kategorien gebildet:

- Designstandards,
- Designrichtlinien,
- Designregeln,
- Designalgorithmen.

4.2.1 Normen und Standards

Designstandards beschreiben allgemeine Anforderungen an die Gestaltung von Benutzungsoberflächen. In diesen Bereich fallen die nationalen und internationalen Standards, so z. B. auf nationaler Ebene die Normierungen von DIN und VDI und auf internationaler Ebene die Standardisierungsbestrebungen von ISO sowie von den Institutionen CEN, CCITT und ECMA.

DIN 66234 Teil 8 /44/	ISO 9241 /86/	VDI 5005 /205/
Aufgabenangemessenheit	Aufgabenangemessenheit	Aufgabenangemessenheit
Selbstbeschreibungsfähigkeit	Selbstbeschreibungsfähigkeit	
Steuerbarkeit	Steuerbarkeit	
Erwartungskonformität	Erwartungskonformität	
Fehlerrobustheit	Fehlerrobustheit	
	Erlernbarkeit	
	Individualisierbarkeit	
		Handlungsflexibilität
		Kompetenzförderlichkeit

Tabelle 4.5: Normierte Kriterien zur aufgabenangemessenen und benutzergerechten Gestaltung von Benutzungsoberflächen

Aus diesen Standardisierungsbemühungen um mehr Einheitlichkeit in der visuellen Darstellung und der Bedienung von Software resultieren die DIN-Norm 66234 Teil 8, die VDI-Richtlinie 5005 und der ISO-Standard 9241. Die DIN-Norm 66234 Teil 8 "Bildschirmarbeitsplätze - Grundsätze der Dialoggestaltung" (DIN /44/) enthält fünf Grundsätze für die ergonomische Dialoggestaltung (vgl. Tabelle 4.5). Diese Grundsätze kristallisierten sich aufgrund einer empirischen Untersuchung von Dzida, Herda und Itzfeld /46/ heraus, bei der erfahrene Benutzer die Bedeutung der Eigenschaften von Dialogsystemen für die Benutzerfreundlichkeit anhand eines Fragebogens beurteilten. Die ISO-Norm 9241 "Ergonomic requirements for office work with visual display terminals (VDTs)" /86/ erweitert diese Dialoggrundsätze um Erlernbarkeit und Individualisierbarkeit. Die in den Normen spezifizierten Kriterien werden zwar in allen Richtliniensammlungen berücksichtigt, aber sie sind trotz angeführter Beispiele und Erläuterungen so allgemein gehalten, daß sie keine Handlungsanleitung für die Entwicklung von Benutzungsoberflächen bieten (Zeidler und Zellner /224/) und nur schwer operationalisierbar sind.

Die VDI-Richtlinie 5005 "Software-Ergonomie in der Bürokommunikation" (VDI /205/) beschränkt sich auf den Anwendungsbereich Bürokommunikation. Um die logischen Zusammenhänge des komplexen Vorgangs Mensch-Rechner-Interaktion zu verdeutlichen sowie zu strukturieren und in systematischer Weise Gestaltungs- und Bewertungshilfen abzuleiten, werden die vier Abstraktionsebenen Aufgabenebene, funktionale Ebene, operative Ebene und Ein-/Ausgabenebene eingeführt. Als Gestaltungs- und Bewertungskriterien auf diesen Ebenen werden Kompetenzförderlichkeit, Handlungsflexibilität und Aufgabenangemessenheit herangezogen. Der so definierte Modellrahmen eignet sich zur Ermittlung der Anforderungen und gibt Hinweise, worauf bei der Umsetzung zu achten ist, hat aber nicht zum Ziel, Detailgestaltungsvorschläge zu geben.

4.2.2 Richtliniensammlungen

Designrichtlinien sind allgemein gehaltene Anforderungen an die Benutzungsoberfläche. Sie werden mit Beispielen illustriert und enthalten Erklärungen, Referenzen und Hinweise für ihre Anwendung. Sie enthalten jedoch keine konkreten Anweisungen, sondern sind aufgrund ihrer Allgemeingültigkeit interpretationsbedürftig.

Themenbereiche der Richtlinien	Anzahl der Regeln
Dateneingabe	199
Datenanzeige	298
Ablaufsteuerung	184
Benutzerführung	110
Datenübertragung	83
Datensicherung	70

Tabelle 4.6: Themenbereiche der Richtliniensammlung von Smith und Mosier /183/ und Anzahl der darin enthaltenen Regeln

Ein umfangreiches Beispiel dafür sind die Gestaltungsrichtlinien von Smith und Mosier /183/, die eine handbuchartige Zusammenfassung theoretischer und experimenteller Erkenntnisse wie auch von Erfahrungswerten aus verschiedenen Software-Entwicklungsabteilungen darstellen (vgl. Tabelle 4.6).

Ähnliche Richtliniensammlungen, die von der Anzahl der Regeln her nicht ganz so umfassend sind wie die von Smith und Mosier, dafür aber auch auf graphische Benutzungsoberflächen eingehen, sind die Richtliniensammlungen von Brown /19/ und Mayhew /110/. Bei Brown /19/ wird ausdrücklich darauf hingewiesen, daß es nicht ausreicht die Richtlinien anzugeben, sondern daß diese explizit in den Entwicklungsprozeß der Software mit einzubeziehen sind. Die Richtliniensammlung von Mayhew /110/ umfaßt Gestaltungsrichtlinien für die verschiedenen Dialogstile, Organisation der Funktionalität und die visuelle Darstellung von Information. Es wird hier auch auf die Benutzerprofile sowie die Bedeutung und die Erstellung von konzeptionellen Modellen, die das mentale Modell des Benutzers widerspiegeln, eingegangen.

In den Bereich der Designrichtlinien fallen die verschiedenen Richtlinienkataloge (Styleguides), die von Hard- und Softwareherstellern erstellt werden (Fähnrich, Görner und Ilg /52/), z. B. von Firmen wie Apple /3/, IBM /81/, /82/, /83/, SUN /194/, /195/, Siemens-Nixdorf /184/, /185/, /186/, /187/ oder auch von herstellerunabhängigen Zusammenschlüssen wie OSF /137/, die eine standardisierte Benutzungsoberfläche für alle Anwendungen anstreben.

Designstandards und Designrichtlinien (vgl. Tabelle 4.7) enthalten Beschreibungen der Eigenschaften, die ein software-ergonomisch gestaltetes und somit benutzerfreundliches System aufweisen sollte. Es werden jedoch kaum konkrete Anweisungen gegeben, wie diese Eigenschaften durch den Einsatz der zur Verfügung stehenden Gestaltungselemente erreicht werden können. Aufgrund der vielen wählbaren Parameter zur visuellen Gestaltung und der Freiheiten bei der Dialoggestaltung bei den oben genannten Styleguides besteht die Notwendigkeit, diese mittels firmenspezifischer Styleguides einzuschränken (Hix und Hartson /77/; Ilg /85/) und so ihre Anwendung zu erleichtern.

Designregeln beinhalten eindeutige Spezifikationen für die Gestaltung einer Anwendung. Sie entstehen, wenn Richtlinien aus den allgemeingültigen Richtliniensammlungen für eine Anwendung so konkretisiert werden, daß sie keine weitere Interpretation zulassen.

Designalgorithmen sind in Form von Programmen implementierte Designregeln zur automatischen Generierung von Benutzungsoberflächen. In diesem Bereich gibt es erst jetzt die ersten Ergebnisse (vgl. Abschnitt 4.3).

	Plattform / Betriebssystem / Fenstersystem	maskenorientiert (M) oder graphisch (G)	Erfüllungsgrad der Gestaltungskriterien	Dialoggestaltung	Informationsgestaltung
Richtliniensammlungen					
Smith, Mosier /183/		M	●	●	●
Brown /19/		G	●	●	●
Mayhew /110/		G	●	●	●
Styleguides					
Apple Human Interface Guidelines /3/	Apple Macintosh/ Finder	G	●	●	●
CUA Basic Interface Design Guide /81/	System 370, AS400, MVS, VM	M	●	◑	
CUA Guide to User Interface Design; CUA Advanced Interface Design Reference /82/, /83/	PC / OS/2 / Presentation Manager	G	●	●	●
OSF/Motif /137/	Workstation / Unix / X-Window-System	G	●	◑	●
Open Look /194/, /195/	Workstation / Unix / X-Window-System	G	●	●	●
Windows Application Design Guide /117/	PC / DOS / MS-Windows	G	●	◑	●
SNI Styleguide /184/, /185/	X-Window-System, Presentation Manager, MS-Windows	G	●	●	●
SNI Alpha-Styleguide /186/, /187/	BS2000, Sinix	M	●	●	●

Tabelle 4.7: Vergleich von Richtliniensammlungen und Styleguides. Legende: ● - voll erfüllt, ◑ - teilweise erfüllt, G - graphisch, M - maskenorientiert

4.2.3 Umsetzung software-ergonomischer Gestaltungsrichtlinien

Die meisten Werke zur software-ergonomischen Gestaltung enthalten Richtlinien entsprechend den oben angegebenen Kategorien. Dies führt dazu, daß bei der Erstellung von Benutzungsoberflächen kaum explizit Regelwerke herangezogen werden, sondern nach Erfahrung, Gefühl und gesundem Menschenverstand vorgegangen wird. Eine Überprüfung auf software-ergonomische Kriterien findet höchstens bei der Evaluation statt. Fehler werden somit erst spät entdeckt und der Aufwand für ihre Beseitigung steigt.

Eine Untersuchung hinsichtlich der Kenntnis und Anwendung von Richtlinien durch Softwareentwickler (Wandke, Beimel und Hüttner /212/) zeigt, daß zwar die meisten Entwickler (90%) Standards und Richtlinien kennen, aber deren Anwendung weit hinter dieser Kenntnis zurückbleibt (vgl. Tabelle 4.8).

Standards, Richtlinien	Kenntnis	Anwendung
DIN 66234	22 %	11 %
ISO 9241	1 %	-
IBM SAA/CUA	55 %	31 %
Apple Guidelines	15 %	7 %
andere Standards und firmeninterne Standards	20 %	6 %
keine Standards und Richtlinien	10 %	26 %

Tabelle 4.8: Kenntnis und Anwendung von software-ergonomischen Standards und Richtlinien durch Software-entwickler (Wandke, Beimel und Hüttner /212/). An der Untersuchung nahmen 52 Softwarefirmen und 82 Entwickler teil.

Tetzlaff und Schwarz /201/ stellten in ihren empirischen Untersuchungen fest, daß Systementwickler sich vorzugsweise an den abgedruckten Beispielen und weniger am Text der Leitfäden orientieren. Sie schließen daraus, daß Leitfäden ergänzend zu anschaulichen Beispielen, Videos oder interaktiven Demonstrations-Programmen eingesetzt werden sollten. Auch könnten Toolkits ihre Umsetzung erleichtern.

Diese Untersuchungen belegen, daß trotz der Fülle der vorhandenen Richtlinien zur softwareergonomischen Gestaltung ihre Anwendung nicht einfach ist. Insbesondere das direkte Einbeziehen der software-ergonomischen Richtlinien in den Entwicklungsprozeß erfordert die Bereitstellung konkret anwendbarer Regeln, die aufgaben-, benutzer- und systemspezifische Besonderheiten berücksichtigen.

4.3 Automatische Generierung von Benutzungsoberflächen

4.3.1 Werkzeuge zur Erstellung graphischer Benutzungsoberflächen

Durch die Verbreitung von Fenstersystemen auf verschiedenen Hardware-Plattformen (MS-Windows für DOS oder in Zukunft Windows NT, Presentation Manager für OS/2 und X-Window-System für Unix) ergibt sich für alle Softwarehersteller die Notwendigkeit, Neuentwicklungen mit graphischen Benutzungsoberflächen zu erstellen und bereits vorhandene maskenorientierte Anwendungen zu portieren.

Auch in der Fertigung wird verstärkt Standardhardware mit Graphik-Möglichkeit eingesetzt, so daß die technischen Voraussetzungen für graphische Benutzungsoberflächen gegeben sind. Die Erstellung graphischer Benutzungsoberflächen macht fast die Hälfte der Gesamtentwicklung einer Anwendung aus (48% des Codes und 45% des Designaufwands werden für die Benutzungsoberfläche aufgewendet) (Myers und Rosson /123/; Russel /162/).

Dies hat zum verstärkten Einsatz von Softwarewerkzeugen bei der Erstellung von graphischen Benutzungsoberflächen geführt. Zu ihrer Klassifikation werden Abstraktionsgrad (Myers /124/) und Architekturebene (Fähnrich und Janssen /53/) herangezogen. Den Stand der Technik bilden heute User Interface Management Systeme (UIMS), die einen direkt manipulativen Editor für die Definition der Benutzungsoberfläche sowie eine Dialogbeschreibungssprache zur Spezifikation des Dialogablaufs zur Verfügung stellen. Damit wird ein Bottom-Up Design unterstützt, in dem aus vorhandenen Elementen eine Benutzungsoberfläche zusammengesetzt werden kann. In Abhängigkeit vom Abstraktionsgrad der Spezifikation unterscheidet Myers /125/ drei Klassen von User Interface Management Systemen: sprachbasierte Spezifikation, graphische Spezifikation und automatische Generierung. Da sowohl mit sprachbasierter als auch mit graphischer Spezifikation die Erstellung einer Benutzungsoberfläche nach wie vor aufwendig ist, werden verstärkt Anstrengungen unternommen, zufriedenstellende Benutzungsoberflächen durch eine automatische Generierung aus der Anwendungsspezifikation zu erreichen (Olsen et al. /133/). Mit der automatischen Generierung sollen verschiedene Defizite heutiger User Interface Management Systeme aufgehoben werden (vgl. Tabelle 4.9).

Verbesserungen durch automatische Generierung von Benutzungsoberflächen	**Auswirkungen auf die Erstellung von Anwendungen**
Einfache Erstellung von Benutzungsoberflächen	• Entlastung der Entwickler von Routinetätigkeiten • Konzentration auf semantische Modellierung
Unterstützung bei der Gestaltung	• Standardisierung durch einheitliche Verwendung der Oberflächenelemente • Verwendung der Gestaltungselemente entsprechend der Anwendungssemantik
Konsistenz	• konsistente Verwendung von Interaktionsobjekten • konsistente Gestaltung von Dialogabläufen
Frühzeitiges Prototyping	• einfache, schnelle und kostengünstige Erstellung von Prototypen • frühzeitiges Prototyping als Voraussetzung für die Benutzerbeteiligung
Benutzerpartizipation	• Prototypen zur Unterstützung der Anforderungsermittlung • fortlaufende Bewertung während der gesamten Entwicklung durch die Benutzer • Einbringen neuer Anforderungen • Erhöhte Akzeptanz der Benutzer
Integration von Anwendungs- und Benutzungsoberflächenspezifikation	• Verwendung der in der Anwendungsspezifikation definierten Daten für den Entwurf der Benutzungsoberfläche • Übernahme der Daten aus dem Prototyp in die Anwendungsspezifikation • konsistente Systemspezifikation • kein mehrfacher Aufwand beim Erfassen von Anforderungen und Daten
Hohe Abstraktionsebene für die statische und dynamische Beschreibung der Benutzungsoberfläche	• abstrakte Dialogbeschreibung, unabhängig von der Implementierung • abstrakte Beschreibung, unabhängig von der Darstellung

Tabelle 4.9: Verbesserungen bei der Erstellung von Benutzungsoberflächen durch automatische Generierung

4.3.2 Werkzeuge zur automatischen Generierung von graphischen Benutzungsoberflächen

Die Werkzeuge zur automatischen Generierung unterstützen ein Top-Down-Design der Benutzungsoberfläche, indem eine abstrakte Beschreibung die Grundlage für deren Erstellung bildet. Zur Klassifizierung der Werkzeuge für die automatische Generierung werden verschiedene Merkmale (vgl. Tabelle 4.10) herangezogen:

- Generierungsgrundlage
  Die Werkzeuge verwenden verschiedene Arten von abstrakten Spezifikationen als Grundlage für die Generierung. Diese Spezifikationen reichen vom Anwendungscode in Form einer erweiterten, konventionellen Programmiersprache (Mikey, Scope) oder Anwendungskommandos (Chisel) über frame-artige Beschreibungen (Jade, ITS, UIDE, DON) bis hin zur Verwendung eines Daten- oder Objektmodells (Higgens, MacIda, TRIDENT, JANUS).
- Generierungsergebnis
  Bei den meisten Werkzeugen wird nur die statische Benutzungsoberfläche und nicht der Dialogablauf automatisch generiert. Eine Ausnahme bilden hier UIDE und UofA* sowie MacIda und TRIDENT, die über ein graphisches Dialogmodell verfügen.
- Regelbasierte Generierung
  Verschiedene Werkzeuge verwenden eine regelbasierte Generierung. Dabei wird die Abbildung der Anwendungsobjekte auf die geeigneten Elemente der Benutzungsoberfläche mit Hilfe von Regeln durchgeführt (Scope, TRIDENT, JADE, DON, Chisel).
- Änderbarkeit
  Für Veränderungen der generierten Benutzungsoberflächen werden überwiegend Editoren zur Verfügung gestellt (Chisel), mit denen nachträglich Anpassungen durchgeführt werden können. Der Nachteil dabei ist, daß bei einer neuen Generierung die Änderungen verloren gehen oder aufwendig nachgeführt werden müssen. Andere Werkzeuge lassen Änderungen nur durch Anpassung der Generierungsregeln zu, z. B. JADE, so daß die Konsistenz der generierten Benutzungsoberflächen immer sichergestellt ist.
- Integration von software-ergonomischen Regeln
  Ein Ziel der Generierung von Benutzungsoberflächen ist die Berücksichtigung von software-ergonomischen Richtlinien und die explizite Einbeziehung von Styleguides. Nur wenige Werkzeuge (DON, TRIDENT, JANUS, CT-UIMS) nutzen software-ergonomische Gestaltungsregeln für die Generierung. Die Berücksichtigung von Styleguides wird dabei unterschiedlich gehandhabt. Sie reicht von der Generierung nach ganz bestimmten Styleguides (z. B. das System von deBaar) bis hin zur Definition beliebiger Stile (JADE, ITS).
- Generierte Beschreibung
  Bei den generierten Beschreibungen für die Benutzungsoberflächen wird zwischen werkzeugabhängig und -unabhängig unterschieden. So werden werkzeugabhängige Beschrei-

bungen für bestimmte UIMS generiert (UIDE) oder als Eingabe für Editoren zur Weiterbearbeitung der Benutzungsoberfläche verwendet (JADE, Chisel).

- Umgebungseigenschaften
  Einige Werkzeuge beziehen die Benutzereigenschaften und die Eigenschaften der gewünschten Zielumgebung in die Generierung mit ein (DON, BASAR).

	Generierungs-ergebnis	Generierungs-grundlage	Regelbasierte Generierung	Änderbarkeit	Integration software-ergonom. Regeln	Generierte Beschreibung	Umgebungs-eigenschaften	Anwendungs-semantik
Apogee /79/	I, L	aktives Datenmodell	nein	Editor	nein	Editoreingabe	keine	ja
Axiomatisches Modell /146/	I, L	Axiome	A, L	Regeln	nein	wa, Prolog Interpreter	Zielumgebung	nein
BASAR /207, /208//	I, L	abstrakte Beschreibung von Dialogaufträgen	A	adaptive Regeln	teilweise Dialogwissen	wa	Benutzer, Zielumgebung	nein
Chisel (UofA*) /176/, /177/	I, L	Beschreibung semantischer Kommandos	A, L, D	Regeln, Editor vu	nein	wa, Editor vu	Benutzer, Zielumgebung	nein
COUSIN /73/, /74/	L	abstrakte Formularbeschreibung	nein	nein	nein	wa	keine	nein
CT-UIMS /106/	I, D	abstrakte Repräsentation der Datenobjekte	A, L	Regeln	ja	wu	Benutzer	nein
DON /60/, /95/	I, L	IDL	A, L	Parametrisierbarkeit	ja	GIL	keine	nein
GWUIMS /174/, /175/	I, L, D	objektorientierte Beschreibung	A	Regeln	nein	wa	Zielumgebung	nein
Higgens /78/	I, L, D	semantisches Datenmodell	nein	Parametrisierbarkeit	nein	wu	Zielumgebung	ja
Humanoid /197/, /198//	I, L, D	modellbasiert (Templates)	A	nein	nein	wu	keine	nein
D2M2edit und devguide /40/	I, L	Datenmodell	A, L	Editor Devguide	nein, aber Open Look Stil	GIL	Stilkonformität	nein
ITS /219/	I, L	Anwendungsbeschreibung	A	Regeln	freie Stildefinitionen	wa, Dialogmanager	Stilkonformität	nein
JADE (GARNET) /122/	I	Anwendungsbeschreibung, Lisp ähnlich	A, L	Regeln	Stildefinition	wa, Editor Lapidary	Stilkonformität	nein
JANUS /5/	I, L, D	Objektmodell	A, L, D	nein	OSF/Motif	wa, ISA Dialogmanager	Zielumgebung	nein
MacIda /148/	I, L	Datenmodell, Function Chaining Graph	A	nein	Editor	wa, Macintosh	keine	nein
MIKE /134/	I, L, D	semantische Kommandos	nein	nein	nein	wa	keine	nein
Mikey /135/	I	Pascal	nein	nein	nein	wa, Macintosh	Stilkonformität mit Macintosh	nein
Scope /8/	I	C++	A	nein	nein	wa	Zielumgebung	nein
TRIDENT /204/	I, L, D	Datenmodell, Function Chaining Graph	A, L, D	nein, aber Stildefinitionen	Editor	wa	Benutzer, Zielumgebung	nein
UIDE /59/	I, D	IDL, Frames	Regeln	nein	nein	wa, SUIMS	keine	nein

Tabelle 4.10: Vergleich von Softwarewerkzeugen zur automatischen Generierung von Benutzungsoberflächen

Legende: Generierungsergebnis: I - Interaktionsobjekte, L - Layout, D - Dialog
Regelbasierte Generierung: A - Abbildungsregeln, L - Layoutregeln, D - Dialogregeln
Generierte Beschreibung: wa - werkzeugabhängig, d. h. Beschreibung für ein eigenes Werkzeug;
wu - werkzeugunabhängig, d. h. Beschreibung für ein beliebiges Werkzeug
IDL - Interface Definition Language von UIDE; GIL - Graphical Interface Language

- Anwendungssemantik
  Die strikte Trennung von Anwendungscode und Benutzungsoberfläche bei der Implementierung hat auch zu einem getrennten Vorgehen beim Entwurf geführt. Die Anwendungssemantik, die durch die Benutzungsoberfläche dem Anwender vermittelt werden soll und in der Anwendungsspezifikation beschrieben ist, wird aufgrund der fehlenden Verbindung zwischen Spezifikation und Generierung nicht berücksichtigt. Eine Ausnahme bilden hier die Werkzeuge, die die Spezifikation in die Generierung miteinbeziehen (Higgens, Apogee).

4.4 Software-Engineering und Benutzungsoberflächendesign

Der Designprozeß für Benutzungsoberflächen von interaktiven Anwendungen ähnelt in vielen Aktivitäten dem Software-Engineering-Prozeß. Es gibt jedoch signifikante Unterschiede, die insbesondere im stark iterativen Prozeß zur Erstellung von Benutzungsoberflächen im Gegensatz zum mehr linearen, sequentiellen Vorgehen bei der Anwendungsentwicklung begründet liegen (Olsen /136/). Durch die iterative Entwicklung (Gould, Boies und Lewis /63/; Hartson und Hix /70/; Gould und Lewis /64/) mit kurzen Rückkopplungsschleifen können der Entwurf und das Design verbessert werden. Die Iteration ergibt sich zum einen aus der Unfähigkeit, alle Dinge auf einmal zu bedenken, und zum anderen, weil das menschliche Verhalten nicht vorausgesehen werden kann (Hartson und Boehm-Davis /71/). Zur Erstellung qualitativ-hochwertiger Benutzungsoberflächen wird somit der Zyklus vom Design über die Implementierung und die Evaluation durch die Benutzer mehrfach durchlaufen, um die Anforderungen zu ermitteln und korrekt umzusetzen. Die Software-Engineering-Methoden beziehen sich jedoch nur auf das Systemdesign vernachlässigen aber die Benutzer und ihre Aufgaben.

Sowohl von der Software-Engineering-Seite als auch von der Software-Ergonomie-Seite gibt es verschiedene Ansätze zur Integration von Software-Engineering-Techniken und Benutzungsoberflächendesign. Diese Ansätze lassen sich in drei Klassen gliedern (vgl. Tabelle 4.11). Die erste Klasse beschreibt Lebenszyklusmodelle, bei denen Software-Engineering-Aktivitäten mit den Arbeitsschritten zur Erstellung von Benutzungsoberflächen kombiniert werden. Dabei findet weder eine Integration der einzelnen Vorgehensschritte noch ein Informationsaustausch zwischen ihnen statt, so daß nach wie vor Daten mehrfach und inkonsistent erfaßt werden. Die zweite Klasse verwendet Software-Engineering-Techniken zur Beschreibung der Benutzungsoberfläche. Hier wird zwar die gleiche, dem Software-Entwickler vertraute, Notation verwendet, aber es werden keine gemeinsamen Modelle gebildet. Dies führt zur Darstellung der gleichen Information in unterschiedlichen Modellen und wirft ebenfalls das Problem der Inkonsistenz auf. Die dritte Klasse nutzt das Datenmodell bzw. das Objektmodell als Ausgangspunkt für die Benutzungsoberfläche und die Anwendung. Hier kann die konsistente Verwendung von Daten in der Anwendung und im Benutzungsoberflächendesign erreicht werden, wenn ein konzeptionelles Modell unabhängig vom physischen Anwendungsdesign verwendet wird.

Klassifikation	Ansatz	Eigenschaften
Lebenszyklusmodelle Integration von Benutzungsoberflächendesign in Lebenszyklusmodellen	Star-Life-Cycle-Model /70 /	• konventionelle Software-Entwicklungsaktivitäten durch Evaluation verbunden • alternierendes Vorgehen zwischen "Bottom-Up" und "Top-Down" bei der Benutzungsoberflächenentwicklung
	Mayhew /110/	• gemeinsame Phasen für Benutzungsoberflächendesign und Anwendungsentwicklung • in den Phasen aber Durchführung von getrennten Aktivitäten
	Produktengineering (Curtis und Hefely /37/)	• übergeordnetes Produktengineering • einzelne Phasen umfassen Aktionen aus Benutzungsoberflächenerstellung und Software-Engineering
	Bass und Coutaz /6/	• Gruppierung der Aktivitäten für Benutzungsoberflächendesign in Phasen • Überlappung mit Aktivitäten im Software-Entwicklungsprozeß
Software-Engineering-Techniken Einsatz von Software-Engineering-Techniken für Benutzungsoberflächendesign	Sutcliff und McDermott /196/	• Datenflußdiagramm zur Aufgabenzuordnung • Strukturdiagramme zur Ableitung des Dialogs • Ableitung der Benutzungsoberfläche aus der funktionalen Spezifikation
	Walsh, Lim und Long /210/	• JSD zur Beschreibung von Benutzeraufgaben • Verwendung von Prozeßdiagrammen für die Aufgabenstruktur • Vereinigung von Aufgabenanalyse und traditioneller Anforderungsanalyse • parallele, aber nicht integrierte Entwicklung von Anwendung und Benutzungsoberfläche
	CUA /82/	• Integration des Entity-Relationship-Modells in den Prozeß zur Erstellung von Benutzungsoberflächen • keine Integration in den Software-Entwicklungsprozeß
Datenmodellierung Verwendung von Datenmodellierung für das Benutzungsoberflächendesign	Ridjanovic /155/	• Datenmodell zur Definition von Benutzungsoberflächen • Benutzungsoberfläche zur Ableitung der Datenbankdefinitionen • Überführung der Datenbankbeschreibung in die Benutzungsoberfläche und umgekehrt • Semantische Verbindung von Datenbank und Oberfläche
	King und Novak /96/	• Kombination von UIMS und objektorientiertem Datenbanksystem • Speicherung der Oberflächeninformation in der Datenbank • Datenbankstruktur beeinflußt Oberfläche
	Lauesen und Harning /101/	• Benutzerdatenmodell zeigt das Datenmodell in Form von Formularen und Bildschirmmasken • Festlegung der Daten und Funktionen, die zur Bearbeitung einer Benutzeraufgabe benötigt werden • nur Beschreibung eines methodischen Vorgehens • keine Erstellung von Benutzungsoberflächen • keine Designhilfen
	Greutmann /66/	• Ausgangspunkt ist das normalisierte Datenmodell • Zuordnung eines Informationsbildschirms zu einem Entity • Ableitung der Dialoggestaltung aus dem Datenmodell • keine Erstellung von Benutzungsoberflächen • keine Aussagen über die Darstellungen einzelner Elemente

Tabelle 4.11: Klassifikation von Ansätzen zur Integration von Software-Engineering und Benutzungsoberflächendesign

5 Ein Verfahren zur Generierung software-ergonomisch gestalteter Benutzungsoberflächen aus Datenmodellen

5.1 Vorgehensweise zur Generierung von Benutzungsoberflächen

Das hier neu entwickelte Verfahren beschreibt die automatische Generierung der Benutzungsoberfläche unter Verwendung des Datenmodells. Durch diese Verknüpfung von Software-Engineering und Benutzungsoberflächendesign anhand des Datenmodells wird eine integrierte Anwendungsentwicklung erreicht. Abbildung 5.1 skizziert die entwickelte Vorgehensweise, deren einzelne Schritte in den nachfolgenden Abschnitten erarbeitet werden. Für die praktische Umsetzung des Verfahrens wird das rechnergestützte Werkzeug GENIUS (GENerator for user Interfaces Using Software ergonomic rules) (vgl. Kapitel 6) erstellt.

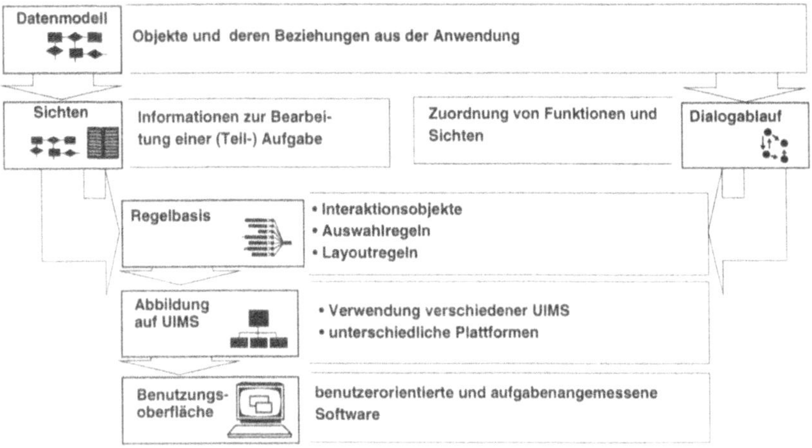

Abbildung 5.1: Vorgehensweise zur regelbasierten Generierung von Benutzungsoberflächen

Die Generierung der Benutzungsoberflächen aus dem Datenmodell erfolgt mittels software-ergonomischer Regeln und vollzieht sich in drei Schritten. Dabei wird der erste Schritt interaktiv vom Anwender durchgeführt und die beiden folgenden automatisch durch GENIUS. Im ersten Schritt werden, basierend auf dem Datenmodell, sogenannte *Sichten* definiert. In solchen Sichten werden die Informationen und Funktionen festgelegt, die zur Bearbeitung von einzelnen Aufgabe notwendig sind. Diese Sichten dienen im zweiten Schritt zur Ableitung der Dialogabläufe und als Grundlage für die automatische Generierung der Benutzungsoberfläche anhand von software-ergonomischen Designregeln. Für diese automatische Generierung wird vorhandenes software-ergonomisches Gestaltungswissen in ausführbare Regeln umgesetzt. Im dritten und letzten Schritt wird die generierte Beschreibung der Benutzungsoberfläche in die Spezifikation für ein User Interface Management System (UIMS) überführt. Das UIMS ist dann verantwortlich für die Implementierung und die Verwaltung der Benutzungsoberfläche.

5.2 Definition der Benutzungsoberfläche aus dem Datenmodell

5.2.1 Verwendung des Datenmodells für die Oberflächengestaltung

Die Ergebnisse der Anforderungsanalyse werden bei strukturierten Software-Entwicklungsmethoden in Form von Daten- und Funktionsmodellen und bei einer objektorientierten Vorgehensweise als Objektmodell beschrieben. Zur Datenmodellierung werden am häufigsten Entity-Relationship-Diagramme (Chen /34/) verwendet (Bittner et al. /9/). In der Praxis gibt es zwischenzeitlich verschiedene Ausprägungen von Entity-Relationship-Modellen und deren Weiterentwicklungen (vgl. Abschnitt 4.1.2.3).

Das Datenmodell beinhaltet die Information, die dem Benutzer von der Anwendung zur Bearbeitung seiner Aufgaben zur Verfügung gestellt wird. Dabei handelt es sich nicht nur um Information, die direkt verarbeitet werden muß, sondern auch um solche, die den Entscheidungsprozeß des Benutzers unterstützt. Durch die Repräsentation dieser Information beschreiben die Entity-Relationship-Diagramme ein konzeptionelles Modell der Anwendungsdaten. Dieses konzeptionelle Modell kann somit sowohl als Ausgangspunkt für die Anwendung als auch für die Benutzungsoberfläche dienen. Es wird aber in Abhängigkeit seiner Verwendung eine unterschiedliche Verfeinerung hinsichtlich der Realisierung erfahren, so daß es eine Unterscheidung zwischen dem Datenmodell für die Benutzungsoberfläche und dem für die Definition der Datenbankschemata gibt. Für die Anwendung ist das konzeptionelle Datenmodell so zu transformieren, daß es eine Abbildung auf das interne Datenmodell erlaubt und den Anforderungen des Datenbankentwurfs (DIN /42/) nach Konsistenz, Redundanzfreiheit, Datensicherheit und schnellem Zugriff gerecht wird. Für die Benutzungsoberfläche ist das Datenmodell dahingehend zu verfeinern, daß die zur Bearbeitung einer Aufgabe notwendigen Informationen dem Benutzer präsentiert werden.

Die Verwendung desselben konzeptionellen Modells als Grundlage für die Anwendung und die Spezifikation der Benutzungsoberfläche gewährleistet bereits während der Entwicklung die Konsistenz zwischen beiden. Es wird dadurch verhindert, daß Information mehrfach, unter Umständen sogar unterschiedlich spezifiziert und verwaltet wird (Foley /58/). So wird Mehraufwand vermieden und der Entwicklungsprozeß beschleunigt.

5.2.2 Erweiterungen des Entity-Relationship-Modells für die Oberflächengestaltung

Ein Entity-Relationship-Diagramm zeigt die Anwendung, bestehend aus Entities und Relationen. Die Entities sind Abstraktionen der relevanten Anwendungselemente. Die Beziehungen zwischen diesen Elementen werden durch die Relationen ausgedrückt, die die Entities verbinden. Die Eigenschaften der Entities und der Relationen sind durch Attribute beschrieben. Das Datenmodell in Form des Entity-Relationship-Modells liefert somit ein formales, abstraktes Modell des Anwendungsbereichs.

In Date /39/ und Schek /167/ sind folgende Definitionen für die Grundelemente des Entity-Relationship-Modells gegeben, die auf die ursprüngliche Definition von Chen /34/ zurückgehen.

Ein *Entity e* ist ein unterscheidbares, identifizierbares Objekt. Entities werden nach *Entity-Mengen E* klassifiziert $e \in E$, wobei die einzelnen Entity-Mengen nicht notwendigerweise disjunkt sind $\{e_1 \in E_1, e_2 \in E_2 \mid E_2 \subseteq E_1, E_1 \cap E_2 \neq \emptyset\}$.

Eine *Relation* ist eine mathematische Beziehung zwischen n Entities. Relationen werden nach *Relationen-Mengen* klassifiziert. Für eine Relationen-Menge (Beziehungsmenge) gilt $R \subseteq E_1 \times E_2 \times ... \times E_n$ d. h. $R = \{r = [e_1, e_2, ..., e_n] \mid e_1 \in E_1, ... , e_n \in E_n\}$ mit $1 < n < \infty$.

Ein *Attribut* beschreibt die Information über ein Entity oder eine Beziehung. Ein Attribut ist definiert als eine mathematische Funktion, die die Entity-Menge oder Beziehungs-Menge auf die Wertemenge bzw. das kartesische Produkt der Wertemengen abbildet. $A: E$ *oder* $R \rightarrow W_i$ *oder* $W_1 \times W_2 \times ... \times W_{e_E}$ mit $1 < e_E < \infty$. Die Wertemengen W_i sind nicht notwendigerweise verschieden.

Um eine einfache und mächtige Beschreibung der Benutzungsoberfläche mittels des Datenmodells zu erreichen, werden die in den folgenden Abschnitten beschriebenen Erweiterungen für die Entity-Relationship-Diagramme eingeführt.

5.2.2.1 Komplexe Attribute

Komplexe Attribute sind Aggregationen von atomaren Attributen eines Entities bzw. einer Relation (Jorysz und Vernadat /91/; Date /39/; Scholl und Schek /170/), (vgl. in /170/ relationenwertige Attribute in NF^2), die eine bestimmte Bedeutung im Anwendungsbereich haben. So können beispielsweise die einzelnen Elemente einer Adresse wie Straße, Hausnummer, Postleitzahl und Ort zu einem komplexen Attribut "Adresse" zusammengefaßt werden. Im Gegensatz zu einem atomaren Attribut besteht ein *komplexes Attribut* KA_i aus einer Menge von Attributen mit $KA_i = \{A_{i1}, ..., A_{in}\}$. Für den Wertebereich des komplexen Attributs gilt $W_{Ai} = 2^{W_{A_{i1}} \times ... \times W_{A_{in}}}, i,n \in N$, d. h. der Wertebereich eines komplexen Attributs ist die Potenzmenge der Wertebereiche der atomaren Attribute. Bei der automatischen Generierung der Benutzungsoberfläche werden die Elemente eines komplexen Attributs zusammengruppiert und als ein Ganzes behandelt.

5.2.2.2 Abgeleitete Attribute

Neben den Elementen des Datenmodells, die für den Datenbankentwurf relevant sind, werden zusätzlich noch abgeleitete Attribute eingeführt. Diese dienen zur Darstellung von Information, die nicht explizit im Datenmodell dargestellt wird, weil sie aus vorhandenen Attributen abgeleitet bzw. berechnet werden kann und nicht gespeichert werden muß. Somit wird für ein abgeleitetes Attribut kein Wert angegeben, sondern eine Regel zur Berechnung des Werts. Für ein abgeleitetes Attribut A berechnet sich der Wert $val(A)$ des Attributs $val(A) = f(x)$.

Beispielsweise kann das Alter einer Person aus dem Geburtsdatum und dem aktuellen Datum berechnet werden. Es ist nicht sinnvoll, das Alter in der Datenbank selbst zu speichern, aber es kann für eine Arbeitsaufgabe relevant sein, dies am Bildschirm anzuzeigen.

5.2.2.3 Gruppen

Um die Zusammengehörigkeit von Elementen darzustellen, die im Rahmen einer Aufgabe eine logische Einheit bilden, werden Gruppen eingeführt. Eine Gruppe spiegelt den semantischen Zusammenhang von Datenelementen in bezug auf eine Arbeitsaufgabe wider. Beliebige Datenelemente können eine Gruppe bilden, so daß für eine Gruppe G gilt $G = \{E_1,...,E_n, R_1,....R_m, A_1,...A_k\}$, $n, m, k \in N$.

Für die automatische Generierung bedeutet dies, daß die Elemente einer Gruppe zusammen dargestellt werden. Dabei wird zuerst die interne Struktur einer Gruppe durch die Anordnung ihrer Elemente festgelegt und danach die gesamte Gruppe positioniert.

5.2.2.4 Hierarchien

Um die Komplexität der graphischen Darstellung zu reduzieren, können Hierarchien gebildet werden. Dabei wird eine Gruppe von Elementen durch ein einzelnes Symbol (Raute) repräsentiert. Diese Gruppe kann separat aufgelöst angezeigt und bearbeitet werden.

5.2.3 Einführung des Sichtenkonzepts

5.2.3.1 Definition von Sichten

Das Datenmodell beinhaltet die Menge der Daten, die der Benutzer sehen und bearbeiten möchte. Es beschreibt jedoch nicht, welche Daten vom Benutzer zur Bearbeitung einer speziellen Aufgabe benötigt werden. Deshalb werden, basierend auf dem Datenmodell sogenannte *Sichten* definiert. Trotz der Namensgleichheit sind diese Sichten unabhängig von den Sichten, die bei der Architektur eines Datenbanksystems auf der externen Ebene definiert werden und die Sicht einzelner Anwendungsprogramme und Benutzergruppen auf die Datenbank darstellen (ANSI /2/; vgl. Schlageter und Stucky /168/). Die in dem hier beschriebenen Verfahren verwendeten Sichten beinhalten die Information, die zur Bearbeitung einer bestimmten Aufgabe bzw. eines bestimmten Geschäftsvorfalls notwendig ist. Sichten spezifizieren die logische Struktur der Informationselemente, jedoch nicht ihre Darstellung am Bildschirm. Trotzdem korrespondiert jede Sicht mit einem Bildschirm oder einem Fenster bzw. Unterfenster.

Die hier verwendeten Sichten werden aus beliebigen Elementen des Datenmodells, die für eine Aufgabe in einem logischen Zusammenhang stehen, gebildet.

Für eine Sicht i gilt somit $S_i \subseteq D \quad i = 1, ...,n$ mit dem Datenmodell $D = \{E, R, A\}$, wobei E die Entity-Menge, R die Relationen-Menge und A die Menge der Attribute ist. Die einzelnen

Sichten S_i sind nicht notwendigerweise disjunkt, d. h. für zwei Sichten S_i, S_j gilt

$$S_i \cap S_j \neq \emptyset,\ i \neq j,\ i, j = 1, \ldots, n,\ n \in N.$$

Die Definition dieser Sichten wird graphisch-interaktiv durchgeführt, indem die gewünschten Elemente aus dem Entity-Relationship-Diagramm selektiert werden. Somit sind für die Definition der Sichten keine Programmierkenntnisse notwendig. Auf diese Weise können auch Nichtprogrammierer, wie z. B. Anwendungsexperten, mit in den Entwicklungsprozeß einbezogen werden.

5.2.3.2 Sichtentypen

In Abhängigkeit von der Struktur der dargestellten Elemente werden zwei Sichtentypen unterschieden:

- Aggregationssicht
  Eine Aggregationssicht zeigt die Zusammenfassung mehrere Elemente. Diese können von unterschiedlicher Art sein und somit sowohl Entities und Relationen als auch Attribute umfassen. Ein Spezialfall der Aggregation ist die Zusammenfassung von Instanzen eines Entities. Bei der Darstellung der Aggregationssicht wird zwischen der Referenz- und der Mengendarstellung unterschieden:
  - Referenzdarstellung
    Bei der Referenzdarstellung wird die Aggregation durch ein Objekt als Ganzes symbolisiert. Dieses Objekt kann auch als Container bezeichnet werden, weil es ein Behälter für die aggregierten Elemente ist. Einer Referenzdarstellung sind zum einen Funktionen zuzuordnen, um das Objekt als Ganzes bearbeiten zu können, und zum anderen Navigationsfunktionen, um den Zugriff auf die darin aggregierten Elemente zu erhalten.
  - Mengendarstellung
    In der Mengendarstellung werden die einzelnen Elemente einer Aggregation angezeigt. Dazu werden in der Regel je nach Anzahl und Datenstruktur Listen-, Mengen- oder andere Darstellungsstrukturen, wie z. B. Bäume verwendet. Die in der Mengendarstellung gezeigten Elemente sind Verweise auf die Detailsicht der einzelnen Elemente. Es werden Funktionen benötigt, um die einzelnen Elemente der Aggregation bearbeiten zu können und um weitere Information zu einem einzelnen Element zu erhalten, d. h. um zur Detailsicht zu verzweigen.
- Detailsicht
  Eine Detailsicht zeigt die einzelnen Daten einer Sicht. Dabei handelt es sich in der Regel um Attribute und Attributwerte aus dem Datenmodell, die zur Bearbeitung einer Aufgabe benötigt werden. In einer Detailsicht werden Funktionen zur Bearbeitung der einzelnen in der Sicht dargestellten Daten sowie Navigationsfunktionen, die die Übergänge zu anderen Sichten beschreiben, benötigt.

In den definierten Sichten bleiben die eigentlichen Strukturen des Datenmodells erhalten. Diese Strukturen werden bei der Generierung der Benutzungsoberfläche herangezogen, um die Präsentation der einzelnen Attribute festzulegen und die Dialogstrukturen abzuleiten (siehe Abschnitt 5.3).

5.2.4 Eigenschaftsbeschreibungen

5.2.4.1 Klassifizierung der Eigenschaften

Neben der graphischen Darstellung der Elemente des Datenmodells sind deren Eigenschaften zu spezifizieren. In dem hier beschriebenen Verfahren werden für jedes Element aus der graphischen Darstellung des Datenmodells sowie der Sichten und den ihnen zugeordneten Funktionen sogenannte Schemata (vgl. Abbildung 5.2) definiert, die die zu beschreibenden Eigenschaften angeben.

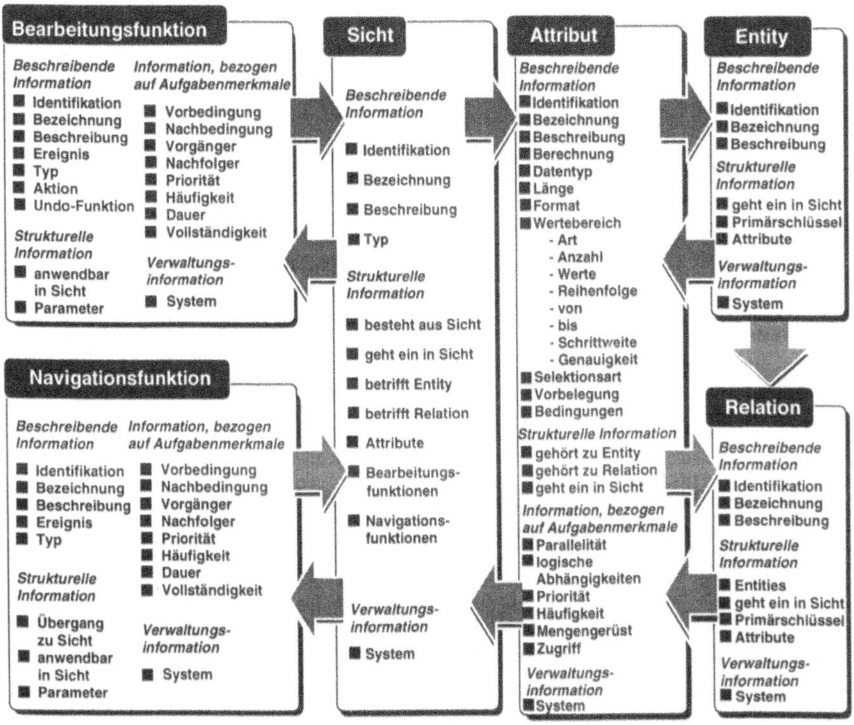

Abbildung 5.2: Schemata für die Eigenschaftsbeschreibungen von Entities, Relationen, Attributen, Sichten, Bearbeitungs- und Navigationsfunktionen. Die Pfeile zeigen die Abhängigkeiten zwischen den einzelnen Komponenten.

Die einzelnen Eigenschaftsbeschreibungen sind in die folgenden 4 Bereiche untergliedert:

- Beschreibende Information
  Die beschreibende Information enthält die Definitionen der einzelnen Elemente. Diese Definitionen werden zur Auswahl der geeigneten Interaktionsobjekte herangezogen und zum Teil auch direkt übernommen.

- Strukturelle Information
  Die strukturelle Information zeigt die Zusammenhänge zwischen den einzelnen Elementen. Zur strukturellen Information einer Sicht gehören u. a. die Elemente, die in die Sicht eingehen. Im Schema der Sicht werden die ihr zugeordneten Bearbeitungs- und Navigationsfunktionen angegeben. Die Bearbeitungsfunktionen beziehen sich auf die in der Sicht dargestellten Daten und dienen zu deren Bearbeitung. Die Navigationsfunktionen definieren die Übergänge zwischen den verschiedenen Sichten und beschreiben den Dialogablauf.

- Information zu Aufgabenmerkmalen
  Einige Eigenschaften werden aus Aufgabenmerkmalen (Beck und Janssen /7/) abgeleitet. Dazu gehören Beschreibungen von Häufigkeit, Priorität, Dauer und Zugriff. Diese Merkmale werden zur Auswahl der geeigneten Interaktionsobjekte und deren Anordnung herangezogen (vgl. Tabelle 5.1).

Aufgabenmerkmal	**Gestaltungsrelevanz**
Aufgabenstruktur	Menüstruktur, Dialogablauf
Informationsbedarf	Sichtendefinition
Vor- und Nachbedingungen	Dialogablauf
Häufigkeit	Informationsdarstellung, Dialogablauf
Dauer	Informationsdarstellung, Dialogablauf
Zugriff	Informationsdarstellung, Dialogablauf
Priorität	Informationsdarstellung, Dialogablauf

Tabelle 5.1: Aufgabenmerkmale und ihre Gestaltungsrelevanz für die Benutzungsoberfläche

- Verwaltungsinformation
  Die Verwaltungsinformation ist eine systemtechnische Größe und dient bei der Bearbeitung mehrerer Anwendungen der eindeutigen Zuordnung der Information zur entsprechenden Anwendung.

Die in den Schemata gespeicherte Information wird für die Generierung der Benutzungsoberfläche verwendet. Sie wird größtenteils schon in der Anforderungsanalyse festgelegt und ist bei Verwendung eines CASE-Werkzeugs bereits im Data Dictionary vorhanden. Die einzelnen Daten und ihre Definition stehen dann sowohl für das Design der Benutzungsoberfläche als auch für die Entwicklung der Anwendungsfunktionalität zur Verfügung und werden konsistent in einer Datenbasis verwaltet.

5.2.4.2 Sichtenbeschreibung

Die Sicht ist ein Kernkonzept der in dieser Arbeit beschriebenen automatischen Generierung von Benutzungsoberflächen. Sie beschreibt die Elemente, Daten und Funktionen, die zur Bearbeitung einer Aufgabe benötigt werden und somit gemeinsam darzustellen sind. Tabelle 5.2 zeigt die Eigenschaften, die eine Sicht beschreiben.

Eigenschaft	**Art**	**Beschreibung**	**Herkunft**	**Gestaltungsrelevanz**
Identifikation	B	Eindeutige Kennzeichnung der Sicht; Schlüssel zur Verwaltung der Informationen zu einer Sicht.	E, Sy	Identifikation der Sicht.
Bezeichnung	B	Aussagekräftige Bezeichnung der Sicht (Name). Beschreibt den Inhalt der Sicht, bezieht sich dabei auf die Anwendung, die dargestellten Objekte und Aktionen.	E	Fenstertitel im der Sicht zugeordneten Fenster.
Beschreibung	B	Gibt Auskunft über den Zweck einer Sicht. Vermittelt allen am Software-Entwicklungsprozeß Beteiligten Informationen über die Verwendung der Sicht in der Anwendung.	E	
Typ	B	Gibt an, ob es sich um eine Einstiegs-, Auswahl- oder Detailsicht handelt: *Einstieg* für die Einstiegssicht, *Auswahl* für die Auswahlsicht, *Detail* für die Detailsicht (Standardwert).	E	Bei Einstiegs- und Auswahlsichten handelt es sich um Aggregationssichten, bei Detail um Detailsichten.
besteht aus Sicht	S	Sichten, die in die hier beschriebene Sicht eingehen. Auf diese Weise ist es möglich, Sichten für häufig wiederkehrende Sachverhalte zu definieren und dann wiederzuverwenden.	Sy	
geht ein in Sicht	S	Sichten, die in der hier beschriebenen Sicht verwendet werden. Wenn Änderungen in der Sicht vorgenommen werden ist zu beachten, ob diese Auswirkungen auf anderen Sichten haben.	Sy	
betrifft Entity	S	In der Sicht vorkommende Entities.	D	
betrifft Relation	S	In der Sicht vorkommende Relationen.	D	
Attribute	S	In der Sicht zusammengefaßte Attribute. Sie beschreiben die in einer Sicht bezüglich einer Aufgabe darzustellende Information.	D	Darzustellende Daten.
Bearbeitungsfunktionen	S	Dienen zur Manipulation der Daten, die in dieser Sicht dargestellt werden.	E	Bearbeitungsfunktionen werden durch Interaktionsobjekte dargestellt.
Navigationsfunktionen	S	Beschreiben die Übergänge zwischen den einzelnen Sichten und definieren so den Dialogablauf.	E	Navigationsfunktionen werden durch Interaktionsobjekte dargestellt, so daß Übergänge zu anderen Sichten entstehen.
System	V	Eindeutige Zuordnung der Information zu einer bestimmten Anwendung.	E	

Tabelle 5.2: Eigenschaftsbeschreibung der Sicht

Legende: Art: Klassifizierung der einzelnen Eigenschaften mit folgender Bedeutung:
B: beschreibende Information; S: strukturelle Information;
A: Information, bezogen auf Aufgabenmerkmale; V: Verwaltungsinformation

Herkunft: beschreibt, wie die Werte für eine Eigenschaft festgelegt werden.
E (Eingabe): Eingabe durch den Benutzer;
Sy (System): automatische Vergabe durch das System;
D (Diagramm): Übernahme aus dem Diagramm zur Sichtendefinition;
S (Sicht): Übernahme aus der Eigenschaftsbeschreibung der zugehörigen Sicht;
R (Repository): Übernahme aus dem Repository (Data Dictionary), falls eines mit diesen Angaben vorhanden ist, ansonsten Eingabe durch den Benutzer.

5.2.4.3 Entitybeschreibung

Tabelle 5.3 zeigt die Eigenschaften, die ein Entity beschreiben.

Eigenschaft	**Art**	**Beschreibung**	**Her-kunft**	**Gestaltungsrelevanz**
Identifikation	B	Eindeutige Kennzeichnung des Entities; Schlüssel zur Speicherung der Information zu einem Entity.	D	Identifikation des Entities.
Bezeichnung	B	Aussagekräftige Bezeichnung (Langform des Namens). Beschreibt das Entity, muß nicht eindeutig sein.	Sy, E	Gruppentitel.
Beschreibung	B	Gibt Auskunft über die Bedeutung des Entities und seine Funktion in der Anwendung.	E, R	
geht ein in Sicht	S	Sichten, in denen das Entity bzw. dessen Attribute vorkommen.	Sy	
Primärschlüssel	S	Attribute, die den Primärschlüssel bilden.	E, R	Identifikation der Instanzen eines Entities in der Auswahlsicht.
Attribute	S	Attribute des Entities.	D, R	Attribute eines Entities werden benachbart dargestellt, um die Zusammengehörigkeit zu visualisieren.
System	V	Eindeutige Zuordnung der Information zu einer bestimmten Anwendung.	S	

Tabelle 5.3: Eigenschaftsbeschreibung für ein Entity. Legende: vgl. Tabelle 5.2

5.2.4.4 Relationenbeschreibung

Tabelle 5.4 zeigt die Eigenschaften, die eine Relation beschreiben.

Eigenschaft	**Art**	**Beschreibung**	**Her-kunft**	**Gestaltungsrelevanz**
Identifikation	B	Eindeutige Kennzeichnung der Relation; Schlüssel zur Speicherung der Information zur Relation.	D	Identifikation der Relation.
Bezeichnung	B	Aussagekräftige Bezeichnung (Langform des Namens). Beschreibt die Relation, muß nicht eindeutig sein.	Sy, E	Gruppentitel.
Beschreibung	B	Gibt Auskunft über die Bedeutung der Relation und ihre Funktion in der Anwendung.	E, R	
Entities	S	Entities, die durch die Relation verknüpft sind, und die Komplexität der Beziehung.	D	Darstellungsform, Auswahl der Interaktionsobjekte.
geht ein in Sicht	S	Sichten, in denen die Relation bzw. deren Attribute vorkommen.	Sy	
Primärschlüssel	S	Attribute, die neben den Primärschlüsseln der beteiligten Entities den Schlüssel der Relation bilden.	E, R	Identifikation der Instanzen einer Relation.
Attribute	S	Attribute der Relation.	D, R	Attribute einer Relation werden benachbart bzw. in der Nähe der durch die Relation verknüpften Entities dargestellt, um die Zusammengehörigkeit zu zeigen.
System	V	Eindeutige Zuordnung der Information zu einer bestimmten Anwendung.	S	

Tabelle 5.4: Eigenschaftsbeschreibung für eine Relation. Legende: vgl. Tabelle 5.2

5.2.4.5 Attributbeschreibung

Tabelle 5.5 zeigt die Attributeigenschaften und deren Gestaltungsrelevanz.

Eigenschaft	Art	Beschreibung	Herkunft	Gestaltungsrelevanz
Identifikation	B	Eindeutige Kennzeichnung des Attributs pro Sicht; besteht aus Identifikation der Sicht und des Attributs; Schlüssel zur Speicherung.	Sy und D	Identifikation des Attributs für Anwendung und Benutzungsoberfläche.
Bezeichnung	B	Aussagekräftige Bezeichnung (Langform des Namens). Beschreibt das Attribut, muß nicht eindeutig sein.	D und E	Feldbezeichner.
Beschreibung	B	Bedeutung des Attributs und seine Verwendung in der Anwendung.	R	
Berechnung	B	Gibt an, wie der Wert von abgeleiteten Attributen berechnet wird.	E	Anwendungsrelevant, Überprüfung der Eingabewerte.
Datentyp	B	Datentyp des Attributs; zulässige Angaben: numerisch, alphanumerisch.	R, (E)	Auswahl des Interaktionsobjekts, die Art der Platzhalter, Ausrichtung des Feldinhalts.
Länge	B	Maximale Anzahl von Zeichen, die der Attributwert annehmen kann.	R, (E)	Bestimmt den Platzbedarf für ein Feld.
Format	B	Formatangabe für den Attributwert.	R, (E)	Formatdarstellung im Feld
Wertebereich-Art	B	Gibt an, ob die Attributwerte einen diskreten oder kontinuierlichen Wertebereich bilden.	R, (E)	Auswahl des Interaktionsobjekts.
Wertebereich-Anzahl	B	Anzahl der Attributwerte bei einem diskreten Wertebereich.	R, (E)	Auswahl des Interaktionsobjekts.
Wertebereich-Werte	B	Aufzählung der Attributwerte für einen diskreten Wertebereich.	R, (E)	Darstellungsform der Werte.
Wertebereich-Reihenfolge	B	Logische Reihenfolge der Attributwerte für einen diskreten Wertebereich, z. B. Monate.	R, (E)	Auswahl Interaktionsobjekt; Darstellungsform Eingabewert.
Wertebereich-von Wertebereich-bis	B	Anfangs- und Endwert für einen kontinuierlichen Wertebereich.	R, (E)	Auswahl des Interaktionsobjekts; Darstellung des Wertebereichs.
Wertebereich-Schrittweite	B	Abstand der Attributwerte in einem Werteintervall (kontinuierlicher Wertebereich).	R, (E)	Darstellungsform der Werte und Beschriftung.
Wertebereich-Genauigkeit	B	Gibt an, wie exakt die Attributwerte in einem kontinuierlichen Wertebereich einstellbar sein sollen.	R, (E)	Darstellungsform.
Selektionsart	B	Einfach- oder Mehrfachauswahl.	R., (E)	Auswahl des Interaktionsobjekts.
Vorbelegung	B	Standardwert, den der Attributwert annimmt.	R, (E)	Anzeige des Standardwertes.
Bedingung	B	Angabe, ob es sich bei dem Attributwert um einen Muß- oder Kann-Wert handelt.	R, (E)	Auswahl des Platzhalters.
gehört zu Entities	S	Entity, zu dem das Attribut gehört.	D, Sy	Gruppierung.
gehört zu Relation	S	Relation, zu der das Attribut gehört.	D, Sy	Gruppierung.
geht ein in Sicht	S	Sichten, die die Attribute verwenden.	Sy	
Parallelität	A	Information, die zu diesem Attribut zusätzlich für eine Arbeitsaufgabe benötigt wird.	E, (R)	Darstellung der Attribute.
logische Abhängigkeiten	A	Zeigt die logische Abhängigkeit des Attributs von anderen Attributen auf.	E, (R)	Anwendungsrelevant, Aktualisierung des Attributwertes.
Priorität	A	Bedeutung des Attributs in einer Sicht.	E, (R)	Anordnung der Interaktionsobjekte.
Häufigkeit	A	Gibt an, wie oft das Attribut benötigt wird.	E, (R)	Darstellung und Anordnung der Interaktionsobjekte.
Mengengerüst	A	Anzahl der Instanzen eines Attributs.	E, (R)	Auswahl des Interaktionsobjekts.
Zugriff	A	Gibt an, ob lesend oder schreibend auf das Attribut zugegriffen wird.	E, (R)	Auswahl des Interaktionsobjekts.
System	V	Eindeutige Zuordnung der Attribute zu einer bestimmten Anwendung.	S	

Tabelle 5.5: Eigenschaftsbeschreibung für ein Attribut. Legende: vgl. Tabelle 5.2

5.2.4.6 Bearbeitungsfunktionsbeschreibung

Die Funktionen, die auf die in einer Sicht dargestellten Daten angewendet werden können, werden als Bearbeitungsfunktionen bezeichnet. Tabelle 5.6 zeigt deren Eigenschaften.

Eigenschaft	Art	Beschreibung	Herkunft	Gestaltungsrelevanz
Identifikation	B	Eindeutige Kennzeichnung der Funktion; Schlüssel zur Speicherung der Information zur Bearbeitungsfunktion.	S	Identifikation der Bearbeitungsfunktion.
Bezeichnung	B	Aussagekräftige Bezeichnung (Langform des Namens). Beschreibt die Funktion, muß nicht eindeutig sein.	S, (E)	Bezeichner.
Beschreibung	B	Bedeutung der Funktion, ihre Verwendung in der Anwendung und ihre Wirkung.	R	
Ereignis	B	Gibt an, durch welches Ereignis die Funktion ausgelöst wird.	R, (E)	Auswahl des Dialogobjekts; Dialogablauf.
Typ	B	Klassifizierung der Funktion. Es wird zwischen Standard- (generischen Funktionen) und anwendungsspezifischen Funktionen sowie anwendungsspezifischen Funktionsgruppen unterschieden.	R, (E)	Auswahl des Interaktionsobjekts.
Aktion	B	Name der Anwendungsfunktion, die ausgelöst wird.	R, (E)	Implementierungsrelevant.
Undo-Funktion	B	Funktion, mit der die Wirkung der ursprünglichen Funktion rückgängig gemacht werden kann.	R, (E)	Darstellung der Undo-Funktion; Auswahl des Interaktionsobjekts.
anwendbar in Sicht	S	Sichten, die die Bearbeitungsfunktion verwenden.	Sy	
Parameter	S	Parameter, die für die Funktion benötigt werden.	R, (E)	Erfragen der Parameter; Dialogablauf.
Vorbedingung	A	Bedingungen, die zur Ausführung der Funktion erfüllt sein müssen.	R, (B)	Funktion ist nicht zugänglich, falls die Vorbedingungen nicht erfüllt sind.
Nachbedingung	A	Bedingungen, die nach der Ausführung der Funktion erfüllt sein müssen.	R, (B)	Dialogablauf, Fehlerbehandlung.
Vorgänger	A	Funktionen, die vor dieser Bearbeitungsfunktion auszuführen sind.	R, (E)	Darstellung der Funktionen.
Nachfolger	A	Funktionen, die nach dieser Bearbeitungsfunktion auszuführen sind.	R, (E)	Darstellung der Funktionen.
Priorität	A	Wichtigkeit der Funktion in bezug auf die Arbeitsaufgabe.	R, (E)	Darstellung und Anordnung der Funktion.
Häufigkeit	A	Gibt an, wie oft die Funktion benötigt wird.	R, (E)	Auswahl des Interaktionsobjekts; Anordnung der Funktion.
Dauer	A	Durchschnittliche Zeit für die Ausführung der Funktion.	R, (E)	Fortgang der Funktion anzeigen.
Vollständigkeit	A	Gibt an, ob Bestätigung zum Ausführen der Funktion und Rückmeldung nach Beenden der Funktion notwendig ist.	R, (E)	Anzeige von Bestätigungs- oder Rückmeldung.
System	V	Eindeutige Zuordnung der Bearbeitungsfunktion zu einer bestimmten Anwendung.	S	

Tabelle 5.6: Eigenschaftsbeschreibung für eine Bearbeitungsfunktion. Legende: vgl. Tabelle 5.2

5.2.4.7 Navigationsfunktionsbeschreibung

Mit den Navigationsfunktionen wird der Dialogablauf festgelegt, in dem sie angeben, welcher Übergang von einer Sicht zu einer anderen Sicht erfolgt. Diese Eigenschaften unterscheiden sich nur an drei Stellen von den Eigenschaften der Bearbeitungsfunktionen (vgl. Tabelle 5.6). Tabelle 5.7 zeigt deshalb nur die Abweichungen.

Eigenschaft	Art	Beschreibung	Herkunft	Gestaltungsrelevanz
Eigenschaftsbeschreibung ist identisch mit der der Bearbeitungsfunktion.				
Aktion	entfällt			
Undo-Funktion	entfällt			
Übergang zu Sicht	S	Gibt an, zu welcher Sicht der Übergang erfolgt.	R, (E)	Dialogablauf.

Tabelle 5.7: Die Eigenschaftsbeschreibung für eine Navigationsfunktion entspricht der Beschreibung für die Bearbeitungsfunktion. Es werden deshalb nur die Unterschiede zur Tabelle 5.6 dargestellt. Legende: vgl. Tabelle 5.2

5.3 Ableitung von Präsentation und Dialogstruktur aus dem Datenmodell

Nicht nur die Elemente des Datenmodells bzw. Sichten und deren Eigenschaften können zur Gestaltung der Benutzungsoberfläche herangezogen werden, sondern auch die Struktur mit ihren Relationen und Kardinalitäten. Aus ihr kann zum einen die Präsentation der einzelnen Elemente abgeleitet werden und zum anderen die Dialoggestaltung.

5.3.1 Attributdarstellung

Die Attribute beschreiben die Eigenschaften der Entities und Relationen und stellen so die zu bearbeitenden Daten dar. Die Attribute sind somit in Form von Datenfeldern, Kontrollelementen oder als statisch informative Texte auf der Benutzungsoberfläche darzustellen. Die Eigenschaften des einzelnen Attributs, wie z. B. Datentyp bzw. Länge, geben Hinweise auf die zur Darstellung zu verwendenden Interaktionsobjekte. Die entsprechenden Regeln finden sich in Abschnitt 5.4.2.4.

Struktur im Datenmodell	Umsetzung der Struktur bei Konzeption der Benutzungsoberfläche
Attribute eines Entities	$E = \{A_1, ..., A_n\} \wedge S = \{A_i, ..., A_k\}, A_i, ..., A_k \in E \Rightarrow G = \{A_i, ..., A_k\}$, *mit i, k, n* $\in$ *N, E ist ein Entity, S eine Sicht und G eine Gruppe.*
Attribute benachbarter Entities	$R \subseteq E_1 \times E_2, E_1 = \{A_{1_1}, ..., A_{1_n}\}, E_2 = \{A_{2_1}, ..., A_{2_m}\} \Rightarrow G_1 \subseteq E_1, G_2 \subseteq E_2, G_1, G_2 \in S$, *mit n, m* $\in N$, *R ist eine Relation,* E_1, E_2 *sind Entities,* G_1, G_2 *sind Gruppen und S ist eine Sicht.*

Tabelle 5.8: Abbildung der semantischen Strukturen des Datenmodells in die Konzeption der Benutzungsoberfläche

Tabelle 5.8 zeigt, wie die Struktur des konzeptionellen Datenmodells die Anordnung der Attribute beeinflußt. In einer Sicht werden Attribute, die zu einem Entity gehören, in einer Gruppe dargestellt, um ihren logischen Zusammenhang auszudrücken. Weiterhin werden in einer Sicht auch die Attribute von benachbarten Entities dargestellt, sofern sie zur Bearbeitung einer Aufgabe benötigt werden.

5.3.2 Umsetzung von Beziehungen

Zum einen sind die Beziehungen zwischen den Entities ausschlaggebend für die Darstellung der Elemente innerhalb einer Sicht und zum anderen für die Übergänge zwischen den Sichten.

Die Kardinalität bezeichnet die Anzahl der Elemente in einer Menge. Die Kardinalität der Relation gibt an, wieviele Instanzen eines Entities an der Beziehung beteiligt sind. Für die Gestaltung der Benutzungsoberfläche bedeutet dies, daß eine Darstellung entsprechend dieser Beziehung und ihrer Kardinalität zu wählen ist.

Für den Dialogablauf sind Übergänge bereitzustellen, die es ermöglichen, die im Datenmodell benachbarten Entities zu erreichen. Den Sichten sind somit Navigationsfunktionen zuzuordnen, die den Übergang zu Sichten ermöglichen, die Daten aus benachbarten Entities enthalten. Tabelle 5.9 zeigt die Sichtentypen und die Übergänge, die aus der Kardinalität der Beziehungen abgeleitet werden.

Beziehungstyp	**Sichtentyp**	**Übergang**
1:1	Detail-Sicht	benachbarte Entities
1:n	Detail-Sicht : Aggregations-Sicht	Detail-Sicht, benachbarte Entities
n:m	Aggregations-Sicht : Aggregations-Sicht	Detail-Sicht, benachbarte Entities
n:m → 1:n; 1:n	Detail-Sicht : Aggregations-Sicht; Detail-Sicht : Aggregations-Sicht	Detail-Sicht, benachbarte Entities

Tabelle 5.9: Aus den Kardinalitäten einer Relation abgeleitete Sichtentypen und die dazu benötigten Übergänge.

5.3.2.1 1:1 Beziehung

Befindet sich innerhalb einer Sicht eine 1:1 Beziehung, werden die Attribute entsprechend ihrer zugrundeliegenden Datenbeschreibung dargestellt. Die Gruppierung der Daten erfolgt nach ihrer Zugehörigkeit zu den Entities. Dabei bilden die Bezeichnungen der Entities die Gruppentitel. Navigationsfunktionen führen zu den Sichten, die für die benachbarten Entities definiert wurden. Abbildung 5.3 zeigt die Umsetzung einer 1:1 Beziehung und die Übergänge zu den benachbarten Sichten "Auftrag" und "Buchungen".

5.3.2.2 1:n Beziehung

Bei einer 1:n Beziehung wird davon ausgegangen, daß eine Instanz eines Entities mit einer oder mehreren Instanzen eines anderen verknüpft ist. Das bedeutet für die Darstellung am Bildschirm, daß zum einen die relevanten Attribute der einzelnen Instanz und zum anderen die dazugehörigen Instanzen des zweiten Entities darzustellen sind. Da es sich dabei um mehrere Instanzen handelt, ist als Darstellungsform eine Aggregation, z. B. in Form einer Liste oder einer Tabelle, zu wählen.

Abbildung 5.3: Darstellung einer 1:1 Beziehung

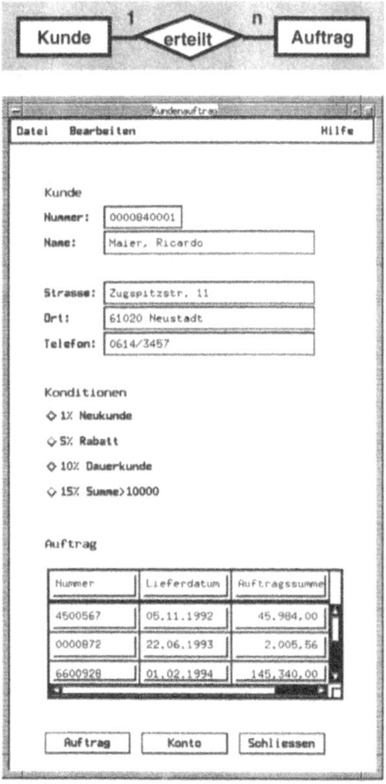

Abbildung 5.4: Darstellung einer 1:n Beziehung

Für den Dialogablauf ist hier neben den Übergängen zu den Sichten, die benachbarte Entities darstellen, auch ein Übergang von der Aggregations-Sicht zur Detailsicht der in Listen oder Tabellenform angezeigten Elemente notwendig. Abbildung 5.4 zeigt die Darstellung der 1:n Beziehung zwischen den Entities "Kunde" und "Auftrag" sowie den Übergang zur Detailsicht von "Auftrag" und zum benachbarten Entity "Konto".

5.3.2.3 n:m Beziehung

Bei n:m Beziehungen stehen eine oder mehrere Instanzen aller an der Relation beteiligten Entities zueinander in Beziehung. Diese n:m Beziehungen können mit Hilfe von Listen bzw. Tabellen dargestellt werden, die voneinander abhängig sind. Für jedes beteiligte Entity wird eine Aggregations-Sicht erzeugt, die die Instanzen des Entities repräsentiert. Wird z. B. in einer Aggregations-Sicht, die in Form einer Liste dargestellt wird, ein Eintrag selektiert, so zeigt die andere Liste die zu diesem Eintrag gehörenden Instanzen des zweiten Entities an.

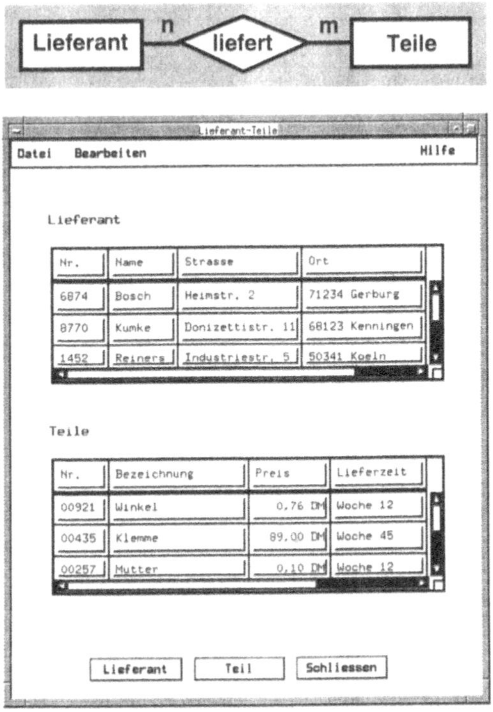

Abbildung 5.5: Darstellung einer n:m Beziehung

Für jede dieser Aggregations-Sichten muß eine Navigationsfunktion angeboten werden, die es ermöglicht, auf die Detailsicht einer ausgewählten Instanz zu verzweigen. Abbildung 5.5 zeigt die Mengendarstellung für die Entities "Lieferant" und "Teile" und die Übergangsfunktionen zu deren Detailsichten.

Bei der Normalisierung wird eine n:m Beziehung in zwei 1:n Beziehungen aufgespalten. Für eine n:m Beziehung werden somit zwei Sichten definiert, die jeweils die Detailsicht des einen Entities und die Mengensicht des anderen Entities enthalten. Zu jeder Mengensicht ist eine Navigationsfunktion für die Verzweigung zur entsprechenden Detailsicht anzugeben.

Auch bei den n:m Beziehungen sind zusätzlich zu den Navigationsfunktionen der einzelnen Detailsichten noch weitere zum Erreichen der Sichten, die die benachbarten Entities enthalten, anzugeben. Abbildung 5.6 zeigt dies für die beiden Entities "Lieferant" und "Teile".

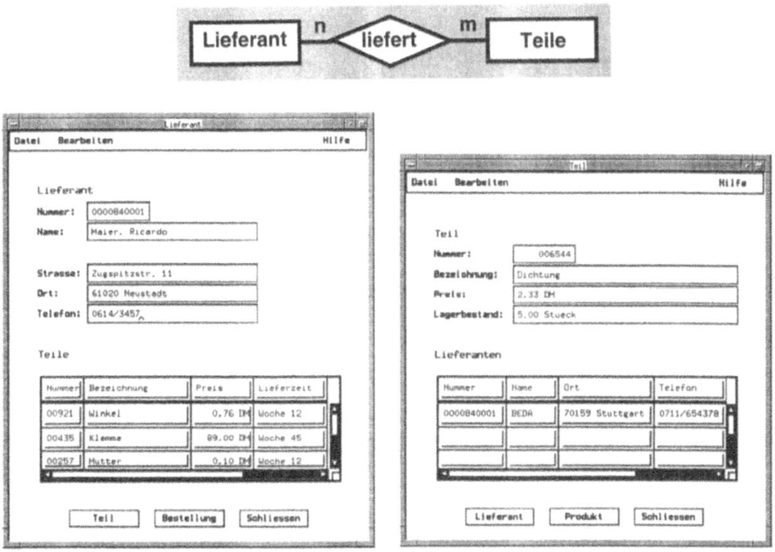

Abbildung 5.6: n:m Beziehung aufgespalten in zwei 1:n Beziehungen

5.3.3 Ableitung von Dialogabläufen

Es wurde bisher geschildert, wie aus den Elementen des Datenmodells die Detail- und Aggregations-Sichten zu den einzelnen Entities und Relationen abgeleitet werden. Es ist jedoch noch zu definieren, wie vom Start der Anwendung aus die Detailsichten erreicht werden können. Dazu ist ein Einstieg in die Anwendung und die Möglichkeit zur Auswahl der gewünschten Daten notwendig.

Eine typische objektorientierte Benutzungsoberfläche hat den folgenden Dialogablauf (vgl. Abbildung 5.7): Nach der Selektion des gewünschten Objekts werden entweder alle Instanzen dieses Objekts angezeigt, oder es erscheint eine Möglichkeit zur Eingabe von Kriterien, um die gewünschten Instanzen zu spezifizieren. Danach wird das Suchergebnis angezeigt, und es kann zur Detailsicht verzweigt werden.

5.3.3.1 Definition von Einstiegssichten

Nach dem Start einer Anwendung erscheint das dazugehörige Hauptfenster mit den Hauptobjekten der Anwendung. Zur Generierung dieses Hauptfensters wird eine entsprechende Einstiegssicht definiert. Diese Einstiegssicht besteht nur aus Entities und Relationen und enthält keine Attribute. Im Schema der Sicht ist bei der Eigenschaft "Art" anzugeben, daß es sich um eine Einstiegssicht handelt. Wie jeder anderen Sicht können der Einstiegssicht Funktionen zugeordnet werden, die dann in einer Menüleiste dargestellt werden. Für den weiteren Dialogablauf werden der Einstiegssicht standardmäßig die Navigationsfunktionen "Öffnen" und "Suchen" zugeordnet. Für die Darstellung der Elemente in der Einstiegsmaske werden in erster Linie Icons verwendet (vgl. Abbildung 5.8a und b).

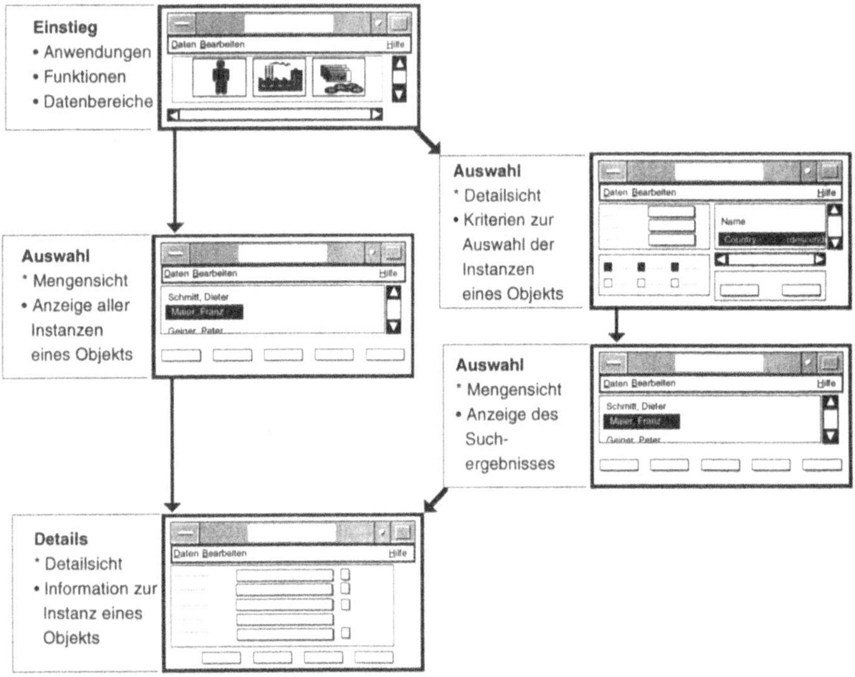

Abbildung 5.7: Schematisierter Dialogablauf bei objektorientierten Benutzungsoberflächen

5.3.3.2 Definition von Auswahlsichten

Von der Einstiegssicht aus erfolgt die Auswahl der gewünschten Daten. In Abhängigkeit von der Anzahl der vorhandenen Daten und der in der Einstiegssicht gewählten Navigationsfunktion stehen die in Tabelle 5.10 dargestellten Möglichkeiten zur Selektion zur Verfügung. Die für die Auswahl der Daten benötigten Sichten werden nach den in Tabelle 5.10 definierten Kriterien automatisch erzeugt.

Dabei werden für jedes Objekt in der Einstiegssicht jeweils zwei Auswahlsichten generiert, eine für die Navigationsfunktion "Öffnen" und eine für "Suchen". Bei dieser automatischen Generierung wird bei der Mengendarstellung und dem Suchkriterium der Primärschlüssel zur Identifikation der Objekte gewählt. Bei der Definition der Auswahlsicht für die Funktion "Suchen" können entweder automatisch alle Attribute des Objekts übernommen werden oder eine Auswahlsicht wird explizit vom Benutzer mit den gewünschten Attributen definiert.

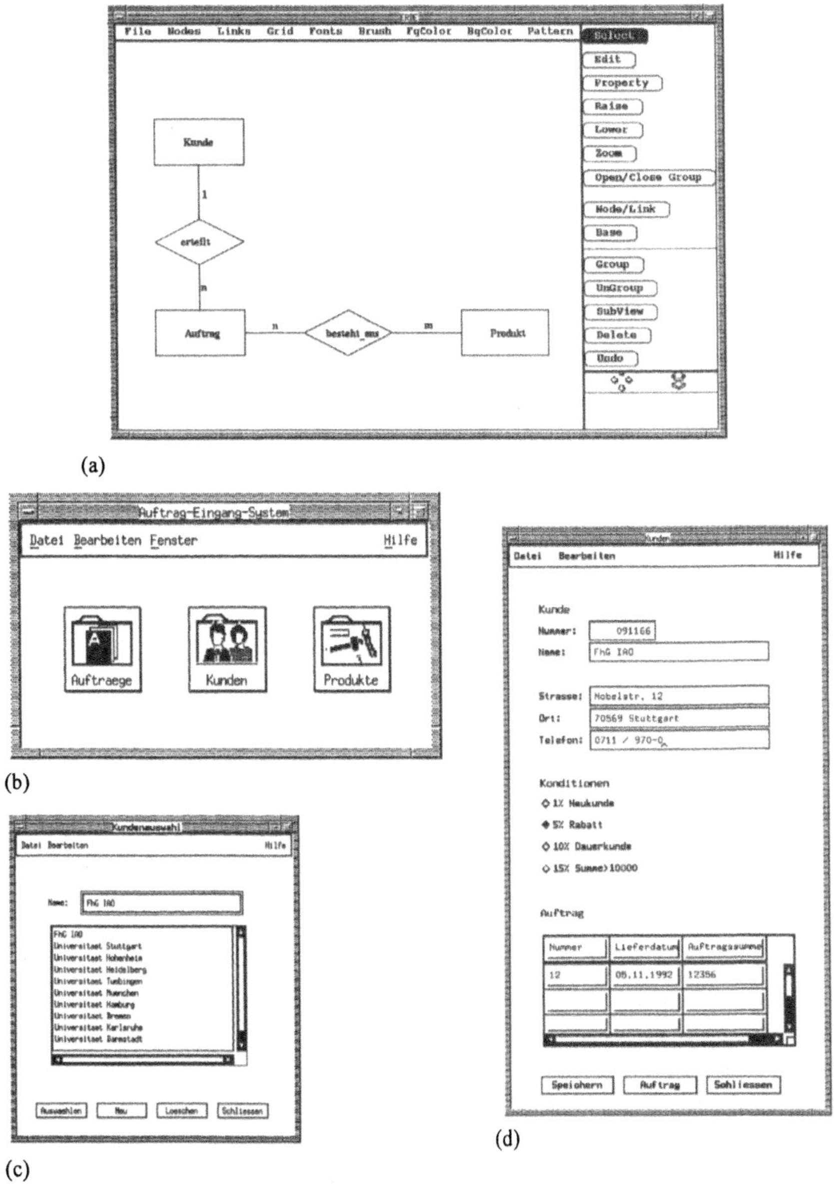

Abbildung 5.8: Aus dem Datenmodell generierte Dialogstruktur. (a) Sichtendefinition für die Einstiegssicht. (b) Das zu der Einstiegssicht generierte Fenster. (c) Zeigt das zur Auswahl generierte Fenster, das erscheint, wenn ein Icon in (b) selektiert wird. (d) Das zur definierten Detailsicht generierte Fenster.

Navigationsfunktion in der Einstiegssicht	Mengengerüst des Datenobjekts	Auswahldialog
Öffnen	1	keine Auswahl notwendig, direkte Verzweigung zur Detailsicht
	$1 < \text{Anzahl} \leq 5$	Auswahlsicht, Referenzdarstellung der Instanzen des ausgewählten Datenobjekts (z. B. Icons)
	$5 < \text{Anzahl} \leq 50$	Auswahlsicht, Mengendarstellung der Instanzen des ausgewählten Datenobjekts (z. B. Liste)
	Anzahl > 50	Auswahlsicht, Detailsicht mit Suchkriterium (Schlüssel des Datenobjekts)
Suchen	-	undefinierte Auswahlsicht, Detailsicht mit allen Attributen als Suchkriterien
	-	definierte Auswahlsicht, Detailsicht mit definierten Attributen als Suchkriterien

Tabelle 5.10: Erzeugung der Auswahldialoge in Abhängigkeit von der Navigationsfunktion in der Einstiegssicht und der Anzahl der Instanzen eines Datenobjekts

Die gelieferten Suchergebnisse werden in einer Mengensicht dargestellt. Ausgehend von dieser Mengensicht kann eine Auswahl getroffen und zur Detailsicht verzweigt werden. Auch wenn nur ein Suchergebnis geliefert wurde, wird aus Gründen der Transparenz für den Benutzer zuerst die Mengensicht dargestellt und nur in Ausnahmefällen direkt zur Detailsicht verzweigt werden.

5.4 Automatische Generierung

5.4.1 Abstrakte Interaktionsobjekte

5.4.1.1 Definition abstrakter Interaktionsobjekte

Zur Generierung der Benutzungsoberfläche werden abstrakte Interaktionsobjekte eingeführt. Ihr Aussehen und Verhalten wird unabhängig von ihrer konkreten Darstellung beschrieben. Sie haben somit gegenüber konkreten Oberflächenobjekten, wie z. B. Widgets eines bestimmten Toolkits, den Vorteil, daß ihr Aussehen und Verhalten nicht von dem gewählten Toolkit, dem verwendeten Oberflächenwerkzeug und dem Fenstersystem abhängt. Dadurch wird die Flexibilität hinsichtlich der endgültigen Zielumgebung erreicht und die Portabilität der Anwendungen unterstützt. Die abstrakten Interaktionsobjekte wurden aus einer Untersuchung der vorhandenen Interaktionsobjekte (vgl. Tabelle 5.11 und 5.12) abgeleitet.

Durch die Verwendung von abstrakten Interaktionsobjekten und deren Auswahl mittels Regeln ist die konsistente Gestaltung von Benutzungsoberflächen innerhalb einer Anwendung und anwendungsübergreifend gewährleistet. Diese Interaktionsobjekte enthalten konfigurierbare Beschreibungen für die Darstellung der Gestaltungselemente am Bildschirm. Somit ist es möglich, die Interaktionsobjekte an firmenspezifische oder anwendungsspezifische Gegebenheiten anzupassen (vgl. Abschnitt 5.4.1.3).

Siemens/ Nixdorf	CUA	MS-Windows	OSF/Motif	Open Look
Fenster	Primary Window	Application Window	Main Window	Window
	Secondary Window			
Dialogbox	Secondary-, Action-Window		Dialogbox	
Pull-Down-Menü	Pull-Down-Menu	Drop-Down-Menu	Pull-Down-Menu	Pull-Down-Menu
Kaskaden-Menü	Cascaded Menu	Cascading Menu	Cascaded Button	Menu Button
		Pop Up Menu		
Einzeichenbefehl	Mnemonic	Mnemonic	Mnemonic	Mnemonic
Funktionstasten	Function Key	Function Key		Function Key
Tastenkombina-tionen	Shortcut Key	Shortcut Key	Accelerator	Accelerator
Aktionsknopf	Push Button	Command Button	Push Button	Command Button
Eingabefeld	Entry Field Field Prompt	Static Text Field	Text Entry Box	Text Box
Ausgabefeld	Read-Only Field	Text Box		
Einfachauswahl-knopf	Radio Button	Option Button	Radio Box	Exclusive Setting
Mehrfachauswahl-knopf	Check Box	Check Box	Check Box	Non-Exclusive Settings, Check Box
Liste	List Box	List Box	List	Scrolling List
	Drop-Down-List	Drop-Down-List-Box	Option Menu	
Kombinationsbox	Combination Box	Combo Box	Combo-Box ab 2.0	
	Drop-Down-Combination Box	Drop-Down Combo-Box		
Verschiebebalken - Leiste - Schieberegeler - Schiebepfeile	Scroll Bar - Scroll Shaft - Scroll Box - Scroll Button	Scroll Bar - Scroll Bar Shaft - Scroll Box - Scroll Arrows	Scroll Bar	Scroll Bar - Cable - Elevator - Top Cable Anchor - Bottom Cable Anchor
Skala	Slider	Slider	Scale	Silder
	Spin Button	Spin Box	Spin Button ab 2.0	
Paletten	Tool Palette, Value Set	Palette		
	Progress Indicator	Progress Indicator		
				Gauges
				Pushpin
	Notebook		Notebook ab 2.0	
Icon	Icon		Icon ab 2.0	Icon

Tabelle 5.11: Interaktionselemente für graphische Benutzungsoberflächen aus verschiedenen Styleguides

Die abstrakten Interaktionsobjekte werden hinsichtlich ihres Aufbaus nach elementaren und komplexen Interaktionsobjekten klassifiziert. Tabelle 5.12 zeigt die für graphische Benutzungsoberflächen definierten abstrakten Interaktionsobjekte. Die Dialogobjekte dienen zur Strukturierung des Dialogablaufs und umfassen die komplexen Objekte Fenster und Dialogbox. Aktionsobjekte dienen zur Darstellung und Auslösung von Funktionen, die in Form von Menüs oder Operationsauswahlen dargestellt werden. Die Präsentationsobjekte umfassen sowohl die einfachen als auch die komplexen, zusammengesetzten Kontrollelemente für graphische Benutzungsoberflächen.

Klassifizierung	**Abstrakte Interaktionsobjekte**	
	elementare	**komplexe**
Dialogobjekte		Fenster
		Dialogbox
Aktionsobjekte	Operationsauswahl	Menü
Präsentationsobjekte	Konstantenfeld	Gruppe
	Datenfeld	Datenfeld mit Feldbezeichner
	Einfachauswahl	Liste
	Mehrfachauswahl	Tabelle
		Skala

Tabelle 5.12: Abstrakte Interaktionsobjekte für graphische Benutzungsoberflächen

5.4.1.2 Eigenschaften

Die Interaktionsobjekte werden in abstrakter Form beschrieben, d. h. es werden nur ihre Eigenschaften angegeben, jedoch nicht ihr Aussehen am Bildschirm. Erst bei der Implementierung wird entschieden, ob z. B. ein Interaktionsobjekt für eine Einfachauswahl das Aussehen und Verhalten eines OSF/Motif Radio Buttons (OSF /137/), einer exklusiven Auswahl in Open Look (Sun /194/, /195/) oder MS-Windows (Microsoft /117/) hat.

Die abstrakten Interaktionsobjekte werden durch folgende Eigenschaften identifiziert:

- Position
  Die Position (x-, y-Koordinaten) gibt die Lage eines Interaktionsobjekts innerhalb eines Fensters an. Die Position wird bei der Festlegung des Layouts berechnet (vgl. Abschnitt 5.4.3.3).
- Größe
  Die Größe (Breite und Höhe) bestimmt sich aus der Länge eines Elements bzw. seiner einzelnen Komponenten. Die Größe des Interaktionsobjekts wird bei der Festlegung seiner Parameter berechnet.
- Farbe
  Die Farbe eines Interaktionsobjekts wird aus den Standardwerten bestimmt (vgl. Abschnitt 5.4.1.3).
- Schrift
  Die Schrift besteht aus Schriftart, -größe und -stil. Auch die Schrift wird mittels der Standardwerte festgelegt.

5.4.1.3 Standardwerte

Die Eigenschaften der abstrakten Interaktionsobjekte können durch Standardwerte vorbelegt werden. Mittels der Standardwerte können zum einen Benutzerpräferenzen beschrieben und zum anderen Stilspezifika festgelegt werden. Dies betrifft sowohl die Unterschiede zwischen den Standardstils, wie z. B. CUA, OSF/Motif als auch die Festlegung von firmeninternen Gestaltungsstils. Die Standardwerte ermöglichen es, die Generierung an den Stil eines Unternehmens oder einer bestimmten Anwendung anzupassen.

Darüber hinaus werden auch komplexe Festlegungen getroffen, wie die Aufteilung eines Fensters oder die Beschreibung der standardmäßig zu verwendenden Menüleiste. Für ein Fenster wird beispielsweise festgelegt, welche Bereiche (Status-, Meldungs-, Informationsbereich) vorhanden sein sollen und wo diese lokalisiert sind (oberer oder unterer Rand).

Mit Hilfe der Standardwerte wird auch die vorhandene Zielumgebung beschrieben. Es wird dabei angegeben, welche konkreten Interaktionsobjekte in der Zielumgebung zur Verfügung stehen, und es kann eine Zuordnung von abstrakten zu konkreten Interaktionsobjekten getroffen werden. Existiert in der Zielumgebung kein konkretes Interaktionsobjekt, das die Eigenschaften des abstrakten Interaktionsobjekts besitzt, wird eine Alternativdarstellung gewählt. Wurde beispielsweise für einen Aufzählungstyp als geeignetes Interaktionsobjekt eine Einfachauswahl ermittelt, und es handelt sich um eine maskenorientierte Zielumgebung ohne graphische Elemente, wird das graphische Symbol durch ein Eingabefeld ersetzt. Somit kann die Auswahl durch Ankreuzen getroffen werden. Um die Gegebenheiten der Zielumgebung bereits bei der Generierung zu berücksichtigen, können den vorhandenen abstrakten Interaktionsobjekten die entsprechenden Elemente aus der Zielumgebung zugeordnet werden. Diese Zuordnung muß jedoch nur bei starken Restriktionen für die in der Zielumgebung zur Verfügung stehenden Elemente gemacht werden. Durchgeführt wird die Zuordnung durch die in Tabelle 5.17 beschriebenen Regeln.

5.4.2 Auswahlregeln

5.4.2.1 Herleitung

Die Abbildung der definierten Sichten, Funktionen und Daten auf die geeigneten abstrakten Interaktionsobjekte geschieht mittels spezieller Auswahlregeln. Dabei werden die Auswahlkriterien durch die Eigenschaften der grundlegenden Dialogaufgaben, z. B. Aktivierung einer Funktion oder Treffen einer Auswahl, bestimmt. Die Information zur Anwendung der Regeln stammt aus Daten, die in den Schemata beschrieben werden. Dies sind zum einen die Daten direkt aus dem Anwendungsmodell wie Datentyp, Länge, Wertebereich, Anzahl der Selektionswerte und zum anderen Information über diese Daten wie z. B. geforderte Genauigkeit im Wertebereich oder Priorität. Die Auswahlregeln sind nach den Kategorien der abstrakten Interaktionsobjekte strukturiert.

Die Auswahlregeln sind auf der Basis von vorhandenen Richtliniensammlungen wie Smith und Mosier /183/, Brown /19/, IBM /82/, /83/, OSF /137/, Sun /194/, /195/ und unter Berücksichtigung von nationalen und internationalen Standards z. B. ISO /86/, DIN /44/ erstellt worden.

Tabelle 5.13 zeigt die Quellen der Regeln aus den verschiedenen Richtliniensammlungen.

So stammen die meisten Regeln für Format und Anordnung von Datenfeldern und Feldbezeichnern aus den Richtlinien von Smith und Mosier. Die Richtlinienwerke für graphische Benutzungsoberflächen wie OSF/Motif, Open Look und CUA lieferten die Information für die Definition der Regeln zur Auswahl und Anordnung von Interaktionsobjekten.

Informationsquelle	Interaktionsobjekte	Auswahlregeln	Layoutregeln
Normen			
DIN 66 234 /44/	○	○	○
DIN 66 290 /45/	○	○	○
ISO 9241 /86/	○	◑	○
herstellerunabhängige Richtliniensammlungen			
Smith und Mosier /183/	○	○	◑
Brown /19/	○	◑	◑
Mayhew /110/	○	◑	◑
Galitz /61/	○	○	◑
Styleguides			
Apple /3/	●	●	◑
CUA /82/, /83/	●	●	◑
Microsoft /117/	●	●	◑
OSF/Motif /137/	●	●	◑
Open Look /194/, /195/	●	●	◑
SNI /184/, /185/	●	●	◑
Erfahrungen			
informelle Expertenbefragung	◑	●	●
Konkretisierung der Regeln	●	●	●
Voraussetzung für die Anwendbarkeit der Regeln	◑	●	●

Tabelle 5.13: Wissenserwerb für die software-ergonomischen Gestaltungsregeln
Legende: ● - hoch, ◑ - mittel, ○ - gering

5.4.2.2 Auswahlregeln für die Darstellung von Sichten

In der Tabelle 5.14 werden die Auswahlkriterien aufgeführt, nach denen den definierten Sichten die Interaktionsobjekte zugeordnet werden. Es wird in der Tabelle auch angegeben, welche Information aus den Schemata zur Auswahl der Interaktionsobjekte herangezogen wird.

Für die Darstellung der Sicht ist ihre Art ausschlaggebend. Es wird dabei zwischen drei Arten (vgl. Abschnitt 5.3.3) unterschieden:

- Einstieg
  Im Einstieg werden nur die Hauptobjekte der Anwendung dargestellt, die einen Zugriff auf ihre einzelnen Instanzen erlauben.
- Auswahl
  Die Auswahl zeigt alle Instanzen eines Objekts an oder bietet die Möglichkeit, Suchkriterien zu spezifizieren, um die Menge der Instanzen eines Objekts einzuschränken.

- Detail
  Im Detail werden die einzelnen Attribute dargestellt.

Auswahlkriterium für die Anwendung	Informationsquelle (Schema)	abstraktes Interaktionsobjekt
Sicht	Sicht.Art Sicht.Bezeichnung	Fenster - Fenstertitel
Einstiegssicht	Sicht.Art=Einstieg Sicht.Bezeichnung Sicht.betrifft Entity	Fenster - Fenstertitel - Icons
Auswahlsicht	Sicht.Art=Auswahl Sicht.Bezeichnung Sicht.Primärschlüssel	Fenster - Fenstertitel - Auswahlkriterium

Tabelle 5.14: Regeln zur Auswahl von abstrakten Interaktionsobjekten

5.4.2.3 Auswahlregeln für die Darstellung von Funktionen

Einer Sicht werden Bearbeitungsfunktionen zur Verarbeitung der Daten und Navigationsfunktionen zur Definition des Dialogablaufs zugeordnet. Es werden dabei drei Funktionsarten unterschieden, die über die Darstellung mit entscheiden (Tabelle 5.15):

- Standard
  Bei Standardfunktionen handelt es sich um generische Funktionen wie "Öffnen", "Drucken", "Speichern" sowie um die Funktionen, die in der standardmäßig spezifizierten Menüleiste vorkommen.

Auswahlkriterium für Funktionen	Informationsquelle (Schema)	abstraktes Interaktionsobjekt
Standardfunktion	Funktion.Typ=Standard	Menü
Standardfunktion	Funktion.Typ=Standard Funktion.Häufigkeit=hoch	Menü, Operationsauswahl
Anwendungsfunktion	Funktion.Typ=Anwendung Funktion.Bezeichnung	Operationsauswahl - Beschriftung
Anwendungsfunktion	Funktion.Typ=*Menütitel* Funktion.Bezeichnung	Menü - Menüeintrag
Anwendungsfunktion	Funktion.Typ=*Menütitel* Funktion.Häufigkeit=hoch Funktion.Bezeichnung	Menü, Operationsauswahl - Beschriftung, Menüeintrag

Tabelle 5.15: Regeln zur Auswahl von abstrakten Interaktionsobjekten für Funktionen

- Anwendung
  Hierbei handelt es sich um einzelne anwendungsspezifische Funktionen.

- Eigene Funktion
  Bei den eigenen Funktionen handelt es sich um anwendungsspezifische Funktionen, die unter einem Menüeintrag zusammengefaßt sind. Auf diese Weise erfolgt eine inhaltliche Gruppierung der Funktionen.

5.4.2.4 Auswahlregeln für die Darstellung von Präsentationsobjekten

Die Auswahl der Interaktionsobjekte für die Präsentationsobjekte erfolgt nach den in Tabelle 5.16 angegebenen Regeln.

Auswahlkriterium	Informationsquelle (Schema)	abstraktes Interaktionsobjekt
exklusive Auswahl		
- alphanumerisch	Attribut.Datentyp=alpha	
	Attribut.Wertebereich.Art=diskret	
	Attribut.Wertebereich.Selektionsart=einfach	
	Attribut.Bezeichnung	- Beschriftung
-- 2≤Anzahl≤6	Attribut.Wertebereich.Anzahl	Einfachauswahl
	Attribute.Wertebereich.Werte	- Auswahlmöglichkeiten
	Attribut.Vorbelegung	- Defaultauswahl
-- Anzahl>6	Attribut.Wertebereich.Anzahl	Liste (Einfachauswahl)
	Attribute.Wertebereich.Werte	- Auswahlmöglichkeiten
	Attribut.Vorbelegung	- Defaultauswahl
- numerisch kontinuierlich, Anzahl≤60	Attribut.Datentyp=numerisch	Skala
	Attribut.Wertebereich.Art=kontinuierlich	
	Attribut.Wertebereich.Anzahl	
	Attribut.Wertebereich.von	- Minimalwert
	Attribut.Wertebereich.bis	- Maximalwert
	Attribut.Wertebereich.Schrittweite	- Beschriftung
	Attribut.Wertebereich.Genauigkeit	
nicht exklusive Auswahl		
- alphanumerisch	Attribut.Datentyp=alpha	
	Attribut.Wertebereich.Art=diskret	
	Attribut.Wertebereich.Selektionsart=mehrfach	
-- 2≤Anzahl≤6	Attribut.Wertebereich.Anzahl	Mehrfachauswahl
	Attribute.Wertebereich.Werte	- Auswahlmöglichkeiten
-- Anzahl>6	Attribut.Wertebereich.Anzahl	Liste (Mehrfachauswahl)
	Attribute.Wertebereich.Werte	- Auswahlmöglichkeiten
sonst (Ein-/Ausgabe nicht vorhersehbar)		
- Zugriff lesend	Attribut.Zugriff	Konstantenfeld
	Attribut.Datentyp	
	Attribut.Länge	
	Attribut.Format	
	Attribut.Vorbelegung	
	Attribut.Bedingung	
- Zugriff schreibend	Attribut.Zugriff	Eingabefeld
	Attribut.Datentyp	
	Attribut.Länge	
	Attribut.Format	
	Attribut.Vorbelegung	
	Attribut.Bedingung	

Tabelle 5.16: Regeln zur Auswahl von abstrakten Interaktionsobjekten

Dabei können die Schwellenwerte, die angeben, bis zu welcher Anzahl von Instanzen ein Interaktionsobjekt ausgewählt wird, über die Standardwerte verändert werden.

5.4.3 Layoutregeln

5.4.3.1 Gestaltungsgesetze

Bei der Sichtendefinition wurde festgelegt, welche Information zur Bearbeitung einer Aufgabe notwendig ist. Durch die Auswahlregeln wurde bestimmt, durch welche abstrakten Interaktionsobjekte die Information darzustellen ist. Beim Layout ist nun festzulegen, wo die einzelnen Objekte zu plazieren sind und wie die Reihenfolge der Informationsanordnung zu sein hat.

Der guten Darstellung der Information kommt im Hinblick auf ein gutes Design der Benutzungsoberfläche eine besondere Bedeutung zu (Miller, Sullivan und Tyler /118/).

Hierbei spielen für die Informationsdarstellung die Gestaltungsgesetze eine entscheidende Rolle. Sie gehen auf Wertheimer (Wertheimer /218/) zurück, der bereits in den 20er Jahren feststellte, daß visuelle Elemente nicht isoliert, sondern nach bestimmten Gesetzen, den Gestaltungsgesetzen, als zusammengesetzte Figuren wahrgenommen werden.

Für die Strukturierung der Information am Bildschirm sind insbesondere die folgenden Gestaltungsgesetze von Bedeutung:

- Gesetz der Nähe: Die Objekte gehören aufgrund ihrer nahe beieinanderliegenden Position zusammen.
- Gesetz der Ähnlichkeit: Die Objekte bilden aufgrund ihrer visuellen Eigenschaften, wie z. B. Form, Größe und Farbe, eine Einheit.
- Gesetz der Symmetrie: Die Objekte bilden aufgrund ihrer Lage zueinander eine Einheit. Symmetrien werden schneller entdeckt.
- Gesetz der sich überlappenden Bereiche: Wenn sich zwei Bereiche überlappen, erscheint es so, als liege der kleinere in dem größeren.

Eine Strukturierung der Information unter Berücksichtigung der Gestaltungsgesetze führt dazu, daß

- Suchzeiten verkürzt werden
- Fehlerhäufigkeiten verringert werden
- die Lerngeschwindigkeit verbessert wird und
- die Akzeptanz durch die Benutzer erhöht wird.

So konnten Burns, Warren und Rudisill /20/ zeigen, daß eine verbesserte Informationsdarstellung die Suchzeit bei neuen Benutzern um 31% verringerte und die Fehlerhäufigkeit um 28% zurückging. Tullis /203/ kam in seinen Untersuchungen auf ähnliche Ergebnisse. Durch ein Redesign alphanumerischer Bildschirme konnte eine Verbesserung der Suchzeit von 25% bis zu 78% erreicht und die Fehlerrate um 25% reduziert werden.

5.4.3.2 Gestaltungskriterien

Tullis war auch einer der ersten, der Metriken zur Bewertung des visuellen Layouts von alphanumerischen Bildschirmmasken entwickelte. Er identifizierte die folgenden sechs Kriterien, die zur Evaluation der Informationsdarstellung herangezogen werden können und ermittelte anhand der Analyse von Bildschirmmasken die angestrebten Werte für diese Kriterien:

- Gesamtdichte
  Die Gesamtdichte ist der Prozentsatz der insgesamt zur Verfügung stehenden Fläche, die mit Zeichen gefüllt ist und zeigt somit an, wieviel Information sich auf dem Bildschirm befindet. Die Gesamtdichte sollte 40% nicht überschreiten.

- Lokale Dichte
  Die lokale Dichte beschreibt den durchschnittlichen Prozentsatz von verwendetem Platz in der Umgebung eines Zeichens. Dabei wird die Umgebung jedes Zeichens in einem Blickwinkel von 5 Grad untersucht. Die lokale Dichte zeigt an, wie eng die Information auf dem Bildschirm gepackt ist. Diese Eigenschaft beeinflußt die Handhabbarkeit der Software und sollte 62% nicht übersteigen.

Die beiden nächsten Eigenschaften beziehen sich auf die Gruppierung von Information. Sie beeinflussen die Suchzeit.

- Anzahl der Gruppen
  Es wird die Anzahl der Gruppen bestimmt, wobei eine Gruppe nur als zusammenhängende Zeichen gesehen wird, ohne Berücksichtigung von logischen Zusammenhängen. Die Anzahl der Gruppen sollte zwischen 19 und 40 liegen.

- Durchschnittliche Größe der Gruppen
  Die durchschnittliche Größe der Gruppen sollte nur so groß sein, daß die gesamte Gruppe auf einmal wahrgenommen werden kann.

Die beiden letzten Kriterien beschreiben die Komplexität des Layouts.

- Anzahl der Daten
  Die Komplexität bestimmt sich durch die Daten auf dem Bildschirm.

- Ausrichtung der Daten
  Die Ausrichtung der Daten bezieht sich auf deren horizontale und vertikale Anordnung.

Das Modell von Tullis, bei dem einige wenige Layoutkriterien dazu dienen, Aussagen über die Güte der Informationsgestaltung und damit über die Benutzbarkeit von Software zu machen, bezieht sich nur auf alphanumerische Bildschirme. Es berücksichtigt nicht die Struktur der dargestellten Information und ist nur ein beschreibendes Modell, das zur Bewertung bestehender Layouts verwendet werden kann, aber keine Hinweise für die Gestaltung gibt.

Streveler und Wasserman /189/ legten für das Layout drei Gruppen von quantitativen Metriken fest, die sich auf die Syntax des Bildschirmdesigns beziehen.

- Physikalische Metriken zeigen die Dichte von Bildpunkten, Feldern und Kästen.
- Assoziative Metriken beschreiben die Abstände zwischen Feldern und Kästen sowie die Menge der ausgerichteten Bildpunkte.
- Ästhetische Metriken beziehen sich auf die Balancierung, die Gleichverteilung der darzustellenden Information und die Symmetrie der Bildschirmdarstellung.

Die Metriken werden mit Hilfe von drei Analysetechniken berechnet. Mit der "Boxing Analysis Technique" wird die räumliche Nähe zwischen Gruppen bestimmt. Die "Hot-Spot Analysis Technique" dient dazu, aufgrund von relativer Intensität in einem visuellen Feld das Zentrum der Aufmerksamkeit zu ermitteln. Die "Alignment Analysis Technique" beurteilt die tabellarische Struktur des Bildschirmdesigns und dadurch die Ausrichtung der einzelnen Bildschirmspalten. Diese Metriken beziehen sich zwar auf die visuellen Gestaltungsgrundsätze, berücksichtigen aber nicht die anwendungsbedingte Struktur der Information.

Perlman /146/ schlägt deshalb vor, die Informationsdarstellung von der hierarchischen Struktur der Information abzuleiten und postuliert sogenannte Darstellungsaxiome. Diese Axiome beschreiben die Beziehung zwischen der darzustellenden Information und Perlman leitet daraus Gruppierungen und Reihenfolgen ab.

5.4.3.3 Layoutverfahren

In dem hier entwickelten Layoutverfahren werden bei der Darstellung der Information sowohl deren anwendungsbedingte Struktur als auch die Gestaltungsgesetze berücksichtigt.

Es stehen drei verschiedene Layoutalgorithmen zur Verfügung, die je nach Eignung angewendet werden. Zwei Layoutalgorithmen behandeln die Anordnung der Information im Normalfall. Der dritte behandelt den Ausnahmefall, wenn zuviel Information vorhanden ist, die nicht in einem Fenster bzw. Bildschirm angezeigt werden kann.

Ausgehend von der vorgegebenen Fenstergröße, bzw. bei alphanumerischer Benutzungsoberfläche der Bildschirmgröße, werden die Interaktionsobjekte darin positioniert. Die präferierte Fenstergröße kann vom Designer mittels der Standardwerte angegeben werden. Durch die Größenverhältnisse des angegebenen Fensters kann das Layout beeinflußt werden. Wird eine Fenstergröße gewählt, bei der die Breite größer ist als die Höhe, wird ein mehrspaltiges Layout verwendet und im umgekehrten Fall, wenn die Höhe größer ist als die Breite, wird die Information untereinander angeordnet. Bei dem mehrspaltigen Layout wird darauf geachtet, daß die Gruppen in den einzelnen Spalten auf gleicher Höhe beginnen. Dadurch wird ein horizontales Gleichgewicht erreicht und eine Links-Rechts-Symmetrie (Abbildung 5.9) eingehalten.

Es wird dabei ein Inside-Out-Layoutstil (Hudson /79/) verwendet, bei dem die Größe der Gruppe durch die darin vorkommenden Objekte festgelegt wird. Die Position der Interaktionsobjekte wird in zwei Durchläufen bestimmt. Zuerst werden die Positionen der Interaktionsobjekte in den einzelnen Gruppen festgelegt. Die Reihenfolge der Interaktionsobjekte innerhalb einer Gruppe ergibt sich aus den ihnen zugeordneten Prioritäten. Die dabei ermittelten Positionen sind relativ innerhalb der Gruppe. Danach erfolgt die Positionierung der Gruppen innerhalb des Fensters entsprechend der höchsten Priorität, die die Interaktionsobjekte innerhalb der Gruppe haben. Nach der Positionierung der Gruppen werden die relativen Positionen in absolute Positionsangaben innerhalb des Fensters umgerechnet.

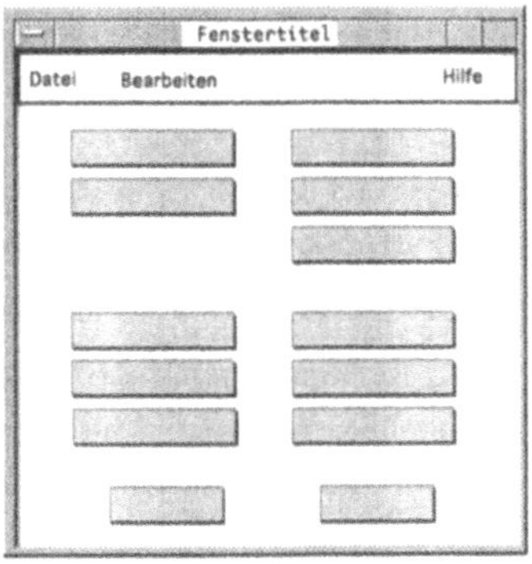

Abbildung 5.9: Links-Rechts-Symmetrie

Nachdem alle Interaktionsobjekte positioniert wurden, kann die Fenstergröße noch angepaßt werden. Dies geschieht jedoch nur, wenn es in den Standardwerten spezifiziert wurde. Die endgültige Fenstergröße wird dann aus dem tatsächlich verwendeten Platz berechnet, d. h. ausgehend von der gewünschten Fenstergröße wird das Fenster verkleinert oder vergrößert. Dabei wird darauf geachtet, daß die Fenstergröße nicht mehr als 75% und nicht weniger als 20% des gesamten Bildschirms ausmacht (SNI /184/).

Um die Abstände zwischen den einzelnen Elementen zu bestimmen, wird ein fiktives Layoutraster (Abbildung 5.10) verwendet, ähnlich wie bei Open Look (Sun /195/) und in SNI /184/ beschrieben. Die Abstände können über die Standardwerte an die firmenspezifischen Festlegungen angepaßt werden. Es werden dabei die Abstände zwischen den Gruppen, die Abstände innerhalb einer Gruppe sowie die Abstände zu den Fensterrändern angegeben.

Mittels des Rasters lassen sich folgende Abstände festlegen:

- eine Rastereinheit vertikal zwischen den einzelnen Elementen,
- eine Rastereinheit zwischen dem Trennzeichen des Feldbezeichners und dem Beginn des Datenfelds,
- zwei Rastereinheiten zwischen Gruppen,
- zwei Rastereinheiten bis zum Fensterrand,
- Buttons werden am unteren Fensterrand zentriert mit einer Rastereinheit Abstand plaziert.

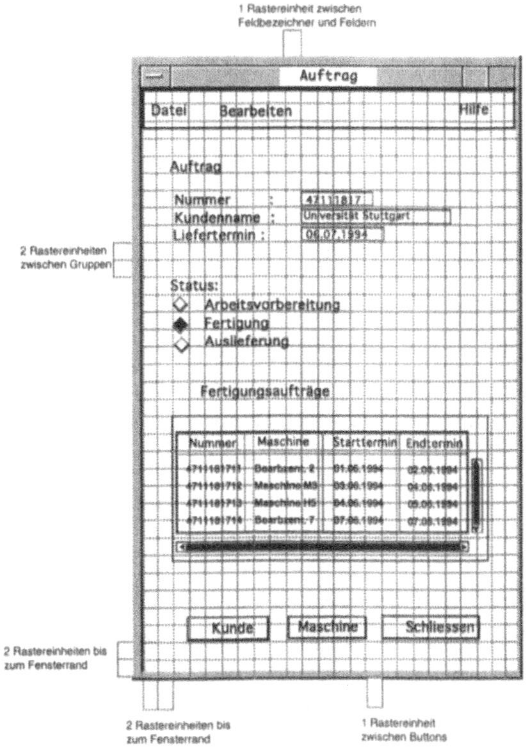

Abbildung 5.10: Layoutraster. Die Abstände zwischen den Gruppen und innerhalb der Gruppen sowie die Abstände zum Fensterrand können durch die Standardwerte spezifiziert werden.

Für die Überschriften kann mittels der Standardwerte spezifiziert werden, wie sie ausgerichtet werden: linksbündig, zentriert oder rechtsbündig, wobei zentriert der Standard ist. Die Feldbezeichner werden links von dem Datenfeld angezeigt und linksbündig ausgerichtet (SNI /194/; IBM /82/). Die Datenfelder, die vertikal untereinander stehen, werden innerhalb einer Gruppe und gruppenübergreifend auf einer vertikalen Linie ausgerichtet, so daß ein vertikales Gleichgewicht erreicht wird.

Das Fenster bzw. der Bildschirm wird entsprechend der in den Standardwerten spezifizierten Eigenschaften aufgebaut. Die Titelleiste enthält zentriert den Namen der Sicht als Fenstertitel. Die Menüleiste wird direkt unter der Titelleiste angeordnet. Die Menüleiste enthält die spezifizierten Standardfunktionen. Die anwendungsspezifischen Funktionen, die in eigenen Pull-Down-Menüs zusammengefaßt sind, werden nach ihrer Priorität links vom Hilfemenü angeordnet.

Operationsauswahlen (Buttons) werden am unteren Bildschirmrand von links nach rechts zentriert angeordnet (IBM /83/). Die horizontale Ausrichtung kann dabei über die Standardwerte spezifiziert werden, so daß eine Zentrierung nicht zwingend ist.

Kann die Information nicht in einem Fenster angeordnet werden, weil nicht genügend Platz zur Verfügung steht, wird trotzdem versucht, die Information entsprechend der Gestaltungsregeln anzuordnen. Das Fenster wird dann mit Scrollbalken versehen, um die gesamte Information sichtbar zu machen. Der Designer kann so sehen, daß dies zu viel Information für ein Fenster ist und eine neue Sicht mit weniger Information definieren.

5.4.4 Aufbau der Regelbasis

Zum Aufbau der Regelbasis wird ein hybrides System (Luger und Stubblefield /104/) eingesetzt, das Produktionsregeln und objektorientierte Repräsentationen nutzt. Die abstrakten Interaktionsobjekte werden als Klassen dargestellt, wobei die Vererbung zur Darstellung von Attributwerten, z. B. Schriftattributen genutzt wird.

Für die Auswahl- und Layoutregeln werden Produktionsregeln verwendet. In dem regelbasierten System werden die Bedingungs-Aktions-Paare als Regeln dargestellt. Die Prämisse der Regel korrespondiert zu der Bedingung (IF) und die Schlußfolgerung oder auch Hypothese (THEN) zu der Aktion. Als Inferenzmechanismus wird die Basis-Problemlösungsmethode (Puppe /150/) der Rückwärtsverkettung benutzt. Dabei wird das zu erreichende Ziel gegen die Regelschlußfolgerungen abgeglichen, und es werden die Bedingungen für diese Schlußfolgerung untersucht (Rich /154/). Auf diese Art wird das Ziel in weitere Subziele zerlegt, und es findet eine Dekomposition des Problems statt. Die Rückwärtsverkettung wird verwendet, weil nur ein einziges Ziel definiert ist, es aber zahlreiche Anfangszustände gibt und somit bei einer Vorwärtsverkettung der Suchraum größer wäre.

Die Steuerung des Inferenzmechanismus geschieht durch die Reihenfolge der Prämissen bei den Regeln. Das bedeutet, eine Regel der Form *IF A, B, C THEN H* wird folgendermaßen interpretiert: Um die Aktion H auszuführen bzw. die Hypothese H zu bestätigen, muß zuerst A ausgeführt werden, dann B und dann C. So kann durch die Reihenfolge der Prämissen zum einen der Suchraum eingeschränkt werden und zum anderen eine semantisch sinnvolle Reihenfolge für die Abarbeitung der Regeln angegeben werden (Luger und Stubblefield /104/).

Als Ausgangshypothese zur Generierung von Benutzungsoberflächen wird die Hypothese "Masken_erzeugen" vorgeschlagen (Abbildung 5.11). Der Name der Hypothese ist historisch gewachsen und verweist deshalb nicht auf graphische Benutzungsoberflächen. Dieser Hypothese gehen vier Bedingungen voraus, die die Generierungsschritte widerspiegeln (vgl. Abschnitt 5.4.5). Zuerst wird eine Initialisierung vorgenommen, bei der die aktuellen Standardwerte gesetzt werden. Es werden dann die abstrakten Interaktionsobjekte ausgewählt und deren Parameter festgelegt ("Objekte_erzeugt"). Im nächsten Schritt wird das Layout bestimmt

("Objekte_eingeordnet") und als letztes die Beschreibung der erzeugten Benutzungsoberfläche zur weiteren Verarbeitung ausgegeben ("Objekte_ausgegeben").

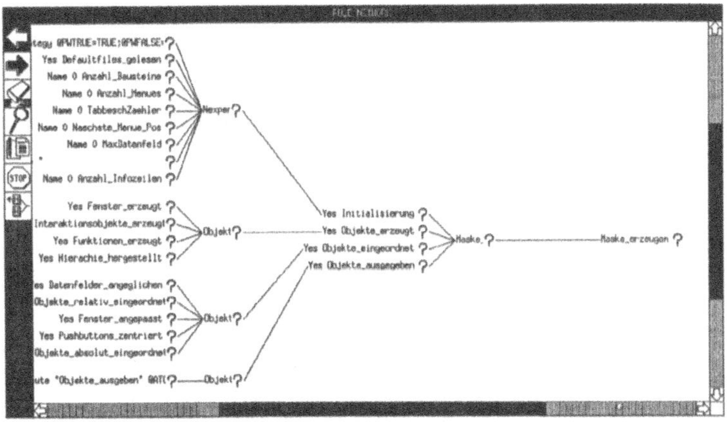

Abbildung 5.11: Ausgangshypothese zur Generierung von Benutzungsoberflächen mit GENIUS, dargestellt als Regelbaum.

Zum Wissenserwerb wurden in erster Linie die vorhandene software-ergonomische Literatur, Normen, Standards, Gestaltungsanleitungen, Richtliniensammlungen und Styleguides verwendet (vgl. Tabelle 5.13). Ergänzt wurde dies durch die Befragung von Software-Ergonomie-Experten, die hauptsächlich dazu diente, die Gestaltungsrichtlinien zu konkretisieren und weitere Informationen für deren praktische Anwendung zu erhalten. Die Objektivierbarkeit und die Erklärungsfähigkeit des Wissens sind aufgrund dieser breiten Literaturbasis gut (Puppe /150/).

Der Vorteil bei der Verwendung eines regelbasierten Systems liegt in der Trennung von Wissen und Inferenzmechanismus. Dadurch wird zum einen eine verständliche Darstellung des Wissens ermöglicht. Gerade für das vorhandene software-ergonomische Wissen bieten sich Regeln zur Darstellung an, da auch die Richtliniensammlungen Regeln verwenden, die jedoch noch konkretisiert werden müssen. Zum anderen wird durch die Trennung von Wissen und Inferenzmechanismus eine Modularität erreicht, die die Änderung und die Erweiterung des Wissens erleichtert. Bei der gesamten Entwicklung wurde die Implementierungszeit dadurch reduziert, daß der Inferenzmechanismus nicht explizit ausprogrammiert werden mußte.

5.4.5 Generierungsschritte

Die auf Basis des Datenmodells definierten Sichten und die dazu über die Schemata spezifizierten Ergänzungen bilden die Grundlage für die Generierung der Benutzungsoberfläche. Mittels des regelbasierten Systems von GENIUS wird aus diesen Eingaben eine Beschreibung für die Benutzungsoberfläche erstellt. Ergänzt werden die Regeln zur Generierung durch die Verwendung der in Abschnitt 5.4.1.3 beschriebenen Standardwerte. Die Generierung vollzieht sich in drei Schritten (vgl. Abbildung 5.12). Im ersten Schritt werden den Sichten, Funktionen und Daten mittels der Auswahlregeln abstrakte Interaktionsobjekte zugeordnet. Im zweiten Schritt werden die Parameter der ausgewählten Interaktionsobjekte festgelegt und im letzten Schritt wird das Layout durch Plazierung der Interaktionsobjekte erstellt.

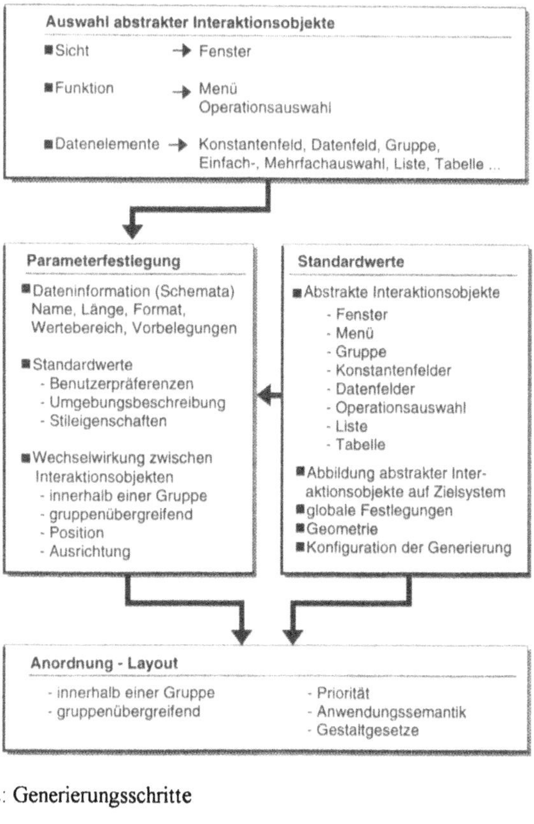

Abbildung 5.12: Generierungsschritte

5.4.5.1 Zuordnung der Interaktionsobjekte

Die Zuordnung der abstrakten Interaktionsobjekte geschieht, indem für die einzelnen Teile der Sichten Objekte aus der Klasse des entsprechenden Interaktionsobjekts erzeugt werden. Dabei erben die erzeugten Objekte die Eigenschaften der Klassen.

Für jede Sicht wird dabei eine Bildschirmmaske oder ein Fenster generiert. Die Aufteilung des Fensters bzw. der Bildschirmmaske im Hinblick auf Informations- und Arbeitsbereiche geschieht entsprechend der spezifizierten Standardwerte. Dies bezieht sich auf das Vorhandensein und die Anordnung der Status-, Melde- und Kommandobereiche. Diese Standardwerte bestimmen auch die zu verwendende Menüleiste. So kann die Menüleiste entsprechend eines Gestaltungsstils, z. B. OSF/Motif oder CUA angegeben oder eine firmenspezifische Menüleiste standardmäßig benutzt werden.

Datentyp	**Wertebereich**			**Zugriff**	**Interaktions-objekt**
	Art	**Anzahl**	**Selektionsart**		
alpha-numerisch oder numerisch	diskret	-		lesend	Ausgabefeld
				schreibend	Datenfeld
		1 < Anzahl ≤ 6	einfach	-	Einfachausw.
			mehrfach	-	Mehrfachausw.
		Anzahl > 6	einfach	-	Liste
			mehrfach	-	Liste
numerisch	kontinuierlich	1< Anzahl ≤60	einfach	-	Skala
		Anzahl > 60		lesend	Ausgabefeld
				schreibend	Datenfeld

Tabelle 5.17: Auswahl der Interaktionsobjekte für Datenelemente

Bei der Auswahl der Interaktionsobjekte für die Datenelemente einer Sicht (vgl. Tabelle 5.17) wird die beschreibende Information aus den Schemata herangezogen.

Funktion		
Typ	**Häufigkeit**	**Interaktionsobjekt**
Standard	-	Menüeintrag
	hoch	Operationsauswahl
Anwendung	-	Operationsauswahl
Menütitel	-	Menüeintrag
	hoch	Operationsauswahl

Tabelle 5.18: Auswahl der Interaktionsobjekte für Funktionen

Bei den Funktionen ist in erster Linie der Typ für die Auswahl der geeigneten Darstellung ausschlaggebend (vgl. Tabelle 5.18). Eine Standardfunktion wird dabei automatisch in der Menüleiste repräsentiert. Anwendungsspezifische Funktionen, die in mehreren Sichten vorkommen, werden als Menüeintrag dargestellt. Die Gruppierung der anwendungsspezifischen Funktionen unter einem Menüpunkt geschieht, indem bei dem Typ der Funktion im entsprechenden Schema der Name des Menüpunkts angegeben wird. Dieser Name des Menüpunkts erscheint auch als Beschriftung in der Menüleiste. Die Anordnung der Menüeinträge unter einem Menüpunkt erfolgt nach der Priorität der Funktionen. Falls die Funktion nicht in dem Menü vorkommt, wird das Interaktionsobjekt "Operationsauswahl" benutzt. Dieses Interaktionsobjekt wird auch eingesetzt, wenn die Funktion bereits im Menü vorkommt, aber sehr häufig verwendet wird, so daß ein zusätzlicher direkter Zugriff möglich sein sollte.

5.4.5.2 Festlegung der Parameter

Im zweiten Schritt der Generierung erfolgt die Festlegung der Parameterwerte für die ausgewählten Interaktionsobjekte. Zum Teil können diese Werte direkt aus der beschreibenden Information des entsprechenden Schemas übernommen werden. Dies gilt für Parameter, wie z. B.

den Namen für einen Feldbezeichner, der durch die Bezeichnung des Datenobjekts bestimmt wird, oder die anzuzeigende Vorbelegung für ein Datenfeld oder dessen Länge. Zum Teil werden die Parameter durch die spezifizierten Standardwerte festgelegt. Diese Standardwerte existieren für jedes Interaktionsobjekt. Sie bieten die Möglichkeit, den Generierungsprozeß zu beeinflussen und Präferenzen zu spezifizieren. Ein weiterer Teil der Parameterwerte ergibt sich aus der Abhängigkeit von anderen Interaktionsobjekten. Dies gilt insbesondere für die Bestimmung der Position. Zum Beispiel bestimmt in einer Gruppe von Datenfeldern mit Bezeichner der längste Bezeichner die Position des Trennzeichens und die Anfangspositionen für die Datenfelder.

5.4.5.3 Anordnung der Interaktionsobjekte

Der dritte und letzte Schritt bei der automatischen Generierung ist die Anordnung der Interaktionsobjekte auf dem Bildschirm bzw. im entsprechenden Fenster. Zuerst wird die Anordnung innerhalb von komplexen Elementen wie Gruppen festgelegt. Dabei können die Abstände innerhalb der Gruppen und zwischen den Gruppen über die Standardwerte festgelegt werden. Alle Elemente werden nach ihrer Priorität oder nach der vorgegebenen Reihenfolge angeordnet. Über die Standardwerte kann auch eine präferierte Fenster- oder Bildschirmgröße angegeben werden. Notwendig ist dies bei alphanumerischen Terminals, bei denen der Bildschirm in der Regel auf 24 Zeilen und 80 Spalten beschränkt ist. Bei der Anordnung wird zuerst versucht, die Gruppen in einer einzigen Spalte anzuordnen. Ist dies nicht möglich, werden die Gruppen spaltenweise angeordnet.

Als Ergebnis liefert das regelbasierte System eine Beschreibung der Benutzungsoberfläche, die in eine Spezifikation für ein User Interface Management System transformiert wird. Die werkzeugunabhängige Beschreibung der Benutzungsoberfläche ermöglicht die flexible Verwendung von verschiedenen User Interface Management Systemen für unterschiedliche Umgebungen.

5.5 Konfigurierbarkeit der Regelbasis

Die zusätzlich zu dem Datenmodell über die Schemata erfaßte Information wird zur Verwaltung in einer Datenbank gespeichert. Ein Großteil dieser Information wird bereits bei der Systemanalyse erfaßt und steht bei Verwendung eines Data Dictionaries zur Verfügung. Es ist möglich, eine Verbindung zwischen dem Data Dictionary und dem hier verwendeten Datenbanksystem zu schaffen oder den Data Dictionary so zu erweitern, daß dort die gesamte relevante Information für Präsentation und Dialogstruktur gespeichert werden kann. Auf diese Art kann eine konsistente Datenhaltung erreicht und die Gefahr einer Mehrfachspezifikation reduziert werden.

5.5.1 Modifikation der Regelbasis

Der beschriebene Aufbau der Regelbasis bietet verschiedene Möglichkeiten, die Generierung der Benutzungsoberfläche aus dem Datenmodell zu beeinflussen.

Die einfachste Art und Weise, den Generierungsprozeß z. B. an firmenspezifische Gegebenheiten anzupassen, geschieht über die Definition der Standardwerte. Für die Änderung der Standardwerte steht ein graphisch-interaktiver Editor zur Verfügung. Diese Standardwerte werden jedesmal beim Start der Generierung neu gelesen, so daß durch Änderung der Standardwerte die Darstellung der durch die Interaktionsobjekte beschriebenen Elemente einfach verändert werden kann, z. B. die Position der Überschrift einer Gruppe.

5.5.2 Modifikation der abstrakten Interaktionsobjekte und Regeln

Eine weitere Möglichkeit, die Gestalt der generierten Benutzungsoberfläche zu bestimmen, ist die Veränderung der Interaktionsobjekte oder das Hinzufügen von neuen abstrakten Interaktionsobjekten. Dies geschieht, indem die Definition der entsprechenden Klasse in der Regelbasis verändert wird. Dazu bietet die zur Realisierung der Regeln verwendete Expertensystemshell Nexpert Object (Neuron Data /130/) eine graphische Entwicklungsumgebung an.

Entsprechend der Möglichkeiten zum Hinzufügen und Verändern der abstrakten Interaktionsobjekte können auch neue Regeln aufgenommen bzw. vorhandene verändert werden. Es können so neue abstrakte Interaktionsobjekte und Regeln für deren Auswahl angegeben werden. Dabei kann es sich um folgende neue abstrakte Interaktionsobjekte handeln:

- styleguide-spezifische Interaktionsobjekte
  Es können abstrakte Interaktionsobjekte definiert werden, die auf spezielle Objekte eines Styleguides abgebildet werden, z. B. Notebook in CUA (IBM /83/).
- anwendungsspezifische Interaktionsobjekte
  Die meisten heute zur Verfügung stehenden Interaktionsobjekte und Styleguides beziehen sich auf Büroanwendungen und die in diesem Anwendungsbereich vorkommenden Objekte. Aber es kommen immer neue Anwendungsbereiche mit eigenen Objekten und Metaphern hinzu, so daß die Definition von anwendungsspezifischen Interaktionsobjekten notwendig ist, z. B. ist im Bereich der PPS-Systeme das Objekt der Plantafel notwendig.
- technikspezifische Interaktionsobjekte
  Im Hinblick auf den sich verbreitenden Einsatz der verschiedenen Medien, z. B. Audio und Video bei Benutzungsoberflächen (Laurel /102/), sind abstrakte Interaktionsobjekte zu definieren, die diese Medien nutzen und Auswahlregeln, die angeben, wann welches Medium geeignet eingesetzt werden kann. Multimedia ist noch eine junge Disziplin in der erst jetzt, nachdem die Technik in breitem Maße zur Verfügung steht, mit der Erstellung von Gestaltungsregeln begonnen wird (Weisbecker, Koller und Vossen /217/).

5.5.3 Anwendungsspezifische Regelbasen

Die Definition von neuen abstrakten Interaktionsobjekten und Regeln kann im Extremfall zum gesamten Austausch der Regelbasis führen. Im Laufe dieser Arbeit wurden eine Regelbasis für maskenorientierte Anwendungen und eine weitere, die die Klassen und Regeln für die Generierung von graphischen Benutzungsoberflächen enthält, erstellt. In Zukunft ist eine zusätzliche Regelbasis für die Erstellung von Multimedia Benutzungsoberflächen geplant.

5.6 Abbildung auf UIMS

Die mit dem regelbasierten System erzeugte abstrakte Beschreibung der Benutzungsoberfläche wird in die konkrete Beschreibungssprache eines User Interface Management Systems oder eines anderen Oberflächenwerkzeugs übertragen, das die erzeugte Benutzungsoberfläche implementiert und verwaltet. Die Zwischenstufe der abstrakten Beschreibung mit anschließender Abbildung auf ein konkretes Oberflächenwerkzeug hat den Vorteil, daß verschiedene Werkzeuge verwendet werden können. Somit ist es auch möglich, verschiedene Hardwareplattformen und unterschiedliche Gestaltungsstile zu unterstützen.

Durch den Abbildungsschritt der erzeugten abstrakten Beschreibung auf Elemente eines Oberflächenwerkzeugs ist es möglich, die in der Regelbasis definierten Interaktionsobjekte auf die konkreten Elemente des verwendeten Oberflächenwerkzeugs abzubilden. Dies bietet auf der einen Seite die Möglichkeit, Interaktionsobjekte, die das Oberflächenwerkzeug nicht zur Verfügung stellt, aus einzelnen vorhandenen Elementen zusammenzusetzen z. B. eine Tabelle. Auf der anderen Seite können spezielle Elemente, die das Oberflächenwerkzeug besitzt, den Interaktionsobjekten mit den entsprechenden Eigenschaften zugeordnet werden. So können auch Besonderheiten bestimmter Oberflächenwerkzeuge genutzt werden.

5.7 Integration in den Software-Entwicklungsprozeß

Die einfache und schnelle Erstellung von Prototypen der Benutzungsoberfläche mittels dieses Verfahrens unterstützt die verbreitete Vorgehensweise, die traditionellen Software-Entwicklungsmethoden in Kombination mit Prototyping zu verwenden. Die Ergänzung von traditionellen Software-Engineering-Modellen in der Spezifikationsphase durch Prototypen bietet die Möglichkeit zur Evaluation mit dem zukünftigen Benutzer. Dabei steht jedoch nicht nur die zeit- und kostengünstige Erstellung der Prototypen im Vordergrund, sondern auch der direkte Bezug zwischen Prototyp und Spezifikation (Pomberger et al. /149/). Durch die Generierung aus dem Datenmodell werden Inkonsistenzen zwischen Spezifikation und Prototypen vermieden.

Die Tatsache, daß nicht von vornherein die vollständigen Daten- und Funktionsmodelle feststehen, sondern die Softwareentwicklung ein stark iterativer Prozeß ist, macht eine enge Kopplung zwischen den Modellen der Systemanalyse und den auf der Benutzungsoberfläche dargestellten Daten und Funktionen während des Entwicklungsprozesses notwendig. Die im Rahmen des Projekts entwickelte Vorgehensweise nutzt die als Ergebnis der Anforderungsanalyse erstellten Daten- und Funktionsmodelle zur Erstellung einer prototypischen Benutzungsoberfläche (vgl. Abbildung 5.13).

Die generierten Benutzungsoberflächen dienen dazu, durch eine frühzeitige Benutzerevaluation noch fehlende Daten und Defizite in den Modellen aufzudecken und diese entsprechend zu erweitern. Die so vervollständigten und überprüften Modelle bilden dann die gemeinsame Grundlage für die Spezifikation der Anwendung und der Benutzungsoberfläche, so daß bei der Entwicklung die gewünschte Konsistenz erreicht wird. Nach wie vor sollte eine unabhängige Implementierung von Anwendung und Oberfläche erfolgen, so daß Änderungen in der Implementierung der Anwendung keine Auswirkungen auf die Oberflächen haben und umgekehrt. Aufbauend auf der Spezifikation kann aus dem Datenmodell die Grundlage für die endgültige Benutzungsoberfläche generiert werden. Durch die regelbasierte Generierung wird die Einbeziehung von software-ergonomischem Gestaltungswissen in die Entwicklung sichergestellt.

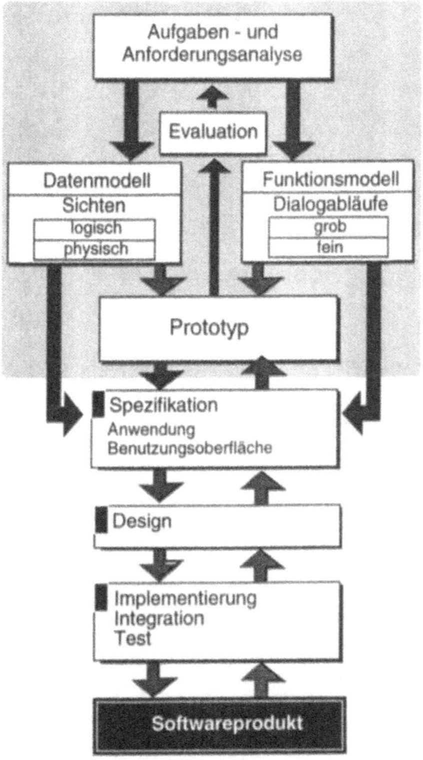

Abbildung 5.13: Einbettung des Verfahrens zur automatischen Generierung von Benutzungsoberflächen in den Software-Entwicklungsprozeß

6 Realisierung des Systems zur automatischen Generierung von Benutzungsoberflächen aus Datenmodellen

6.1 Komponenten von GENIUS

Für die praktische Umsetzung der entwickelten Vorgehensweise zur automatischen Generierung von software-ergonomisch gestalteten Benutzungsoberflächen aus Datenmodellen wird GENIUS (GENerator for User Interfaces Using Software Ergonomic Rules) erstellt (Abbildung 6.1). Das Software-Werkzeug GENIUS ist auf einer SUN SPARC Station mit dem Betriebssystem UNIX (SUN OS 4.1.2) unter dem X-Window-System Version 11 Release 4 (X11 R4) implementiert.

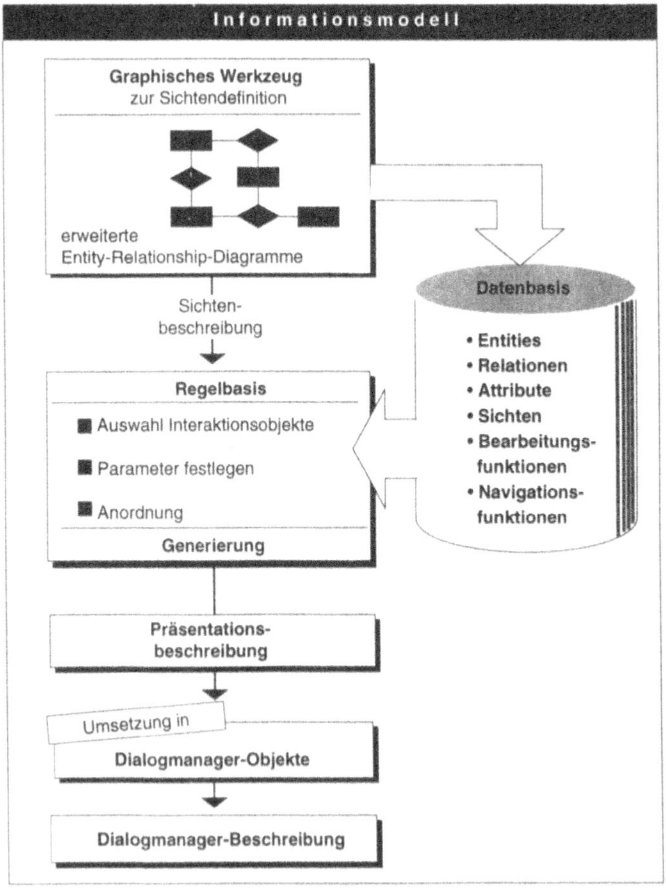

Abbildung 6.1: Ablauf bei der Generierung von Benutzungsoberflächen aus Datenmodellen und die im GENIUS-System implementierten Komponenten

GENIUS besteht aus den folgenden Komponenten:

- Graphischer Editor zur direkt-manipulativen Erstellung und Bearbeitung von erweiterten Entity-Relationship-Diagrammen. Der Editor dient der Erstellung von Datenmodellen und der Definition von Sichten. Er stellt zusätzlich die Möglichkeit zur Eingabe der Eigenschaftsbeschreibungen (vgl. Abschnitt 5.2.4) bereit.
- Datenbank zur Speicherung und Verwaltung der textuell erfaßten Eigenschaftsbeschreibungen zur graphischen Sichtendefinition.
- Regelbasiertes System zur automatischen Generierung der Beschreibung einer Benutzungsoberfläche aus den definierten Sichten mittels software-ergonomischer Designregeln.
- Generator für die Transformation der mit dem regelbasierten System erzeugten Beschreibung der Benutzungsoberfläche in die konkrete Beschreibung eines User Interface Management Systems.
- Graphische Editiermöglichkeit zur Definition und Manipulation der Standardwerte zur Beeinflussung des Generierungsprozesses.
- Verwendung eines User Interface Management Systems zur Darstellung und Ausführung der generierten Benutzungsoberfläche.

6.2 Graphischer Editor zur Sichtendefinition

Um die Definition der Sichten aus Datenmodellen in Form von Entity-Relationship-Diagrammen und die Erstellung der Dialognetze in direkt-manipulativer Weise zu ermöglichen, wurde ein spezieller Diagramm-Editor (Abbildung 6.2) entwickelt und implementiert.

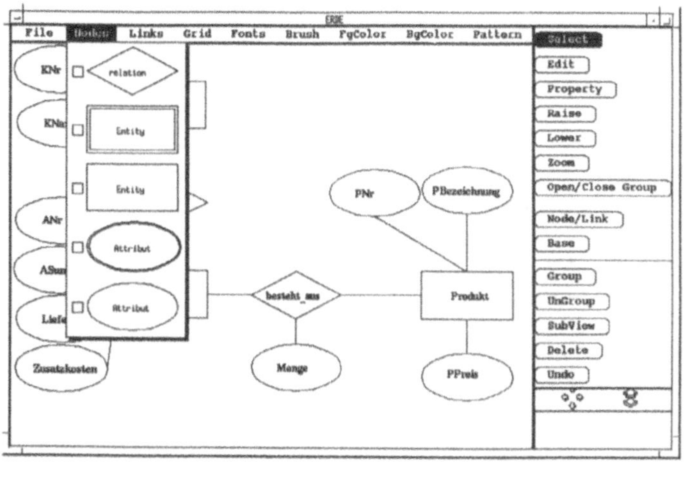

Abbildung 6.2: Symbole für den Entity-Relationship-Editor

Der Editor erlaubt es, beliebige Diagrammsymbole zu definieren und die syntaktischen Regeln für deren Verknüpfung festzulegen. Ausgehend von dem allgemeingültigen Editor wurde ein graphischer Editor für die Sichtendefinition erstellt.

Die Implementierung des Editors erfolgte mit der objektorientierten Programmiersprache C++ und unter Verwendung von InterViews (Interactive Views) Version 2.6, einem graphischen Toolkit, das in C++ geschrieben ist und an der Stanford Universität entwickelt wurde (Linton et al. /103/).

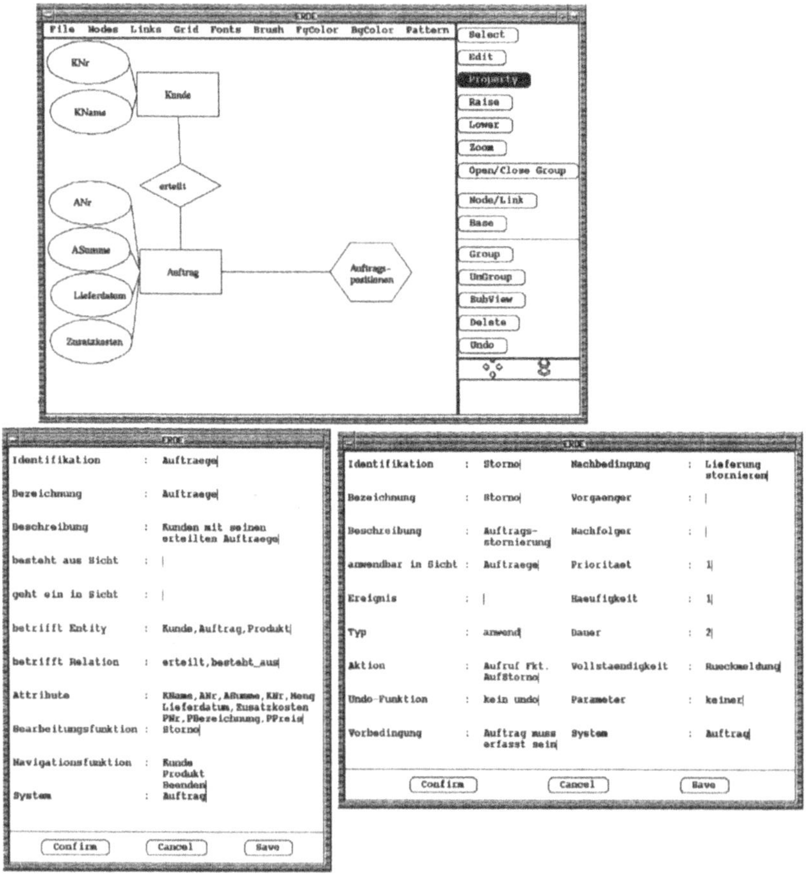

Abbildung 6.3: Entity-Relationship-Diagramm und Eigenschaftsbeschreibung der angezeigten Sicht

Der graphische Editor zur Definition von Sichten verfügt neben den üblichen Symbolen für Entity-Relationship-Diagramme wie Entities, Relationen und Attributen auch über Symbole für komplexe Attribute und schwache Entities ("weak entities"), die die Existenzabhängigkeit von Entities beschreiben.

Weiterhin wird in dem Editor eine Möglichkeit zur Zusammenfassung von Elementen zu einem Symbol bereitgestellt. Dies erlaubt die Reduktion der Komplexität großer Diagramme durch Hierarchiebildung. Die zusammengefaßten Elemente können in einem separaten Fenster weiterbearbeitet werden, wobei dort durchgeführte Änderungen automatisch in das Ursprungsdiagramm übernommen werden.

Zur Eingabe der ergänzenden Information kann für jedes Element in der graphischen Beschreibung der Sichten das definierte Schema angezeigt werden (vgl. Abschnitt 5.2.4). Das Schema gibt an, welche zusätzliche Information zu diesem Element spezifiziert werden kann und unterstützt deren Eingabe. Wurde in dem Editor die Aktion "Property" selektiert, kann durch einen Mausklick in den Diagrammhintergrund das Schema für die Sicht angezeigt werden (vgl. Abbildung 6.3). In dem Schema für die Sicht werden unter anderem auch die Funktionen zu dieser Sicht spezifiziert.

Die Schemata für Entity, Relation und Attribut werden durch Auswahl der Aktion "Property" und Selektion des gewünschten Elements angezeigt. Bei der Anzeige der Schemata wird die in der graphischen Darstellung bereits vorhandene Information automatisch übernommen.

6.3 Datenbank zur Speicherung und Verwaltung der Eigenschaftsbeschreibungen

Die über die Schemata spezifizierte Information über Entities, Relationen, Attribute, Sichten, Bearbeitungs- und Navigationsfunktionen wird in einer Datenbank gespeichert und verwaltet. Für die Implementierung der Datenbank wurde das relationale Datenbankmanagementsystem Oracle (Oracle /138/, /139/, /140/) verwendet. Die Verwendung eines weit verbreiteten Datenbankmanagementsystems bietet Schnittstellen zu anderen Softwareprodukten. Zum einen ermöglicht es die Übernahme von Information aus Data Dictionaries bei der Verwendung eines CASE-Werkzeuges. Zum anderen erlaubt es den direkten Zugriff von der Expertensystemshell Nexpert Object, die zur Realisierung des regelbasierten Systems von GENIUS verwendet wurde.

Für jeden Schematyp wird in der Datenbank eine Tabelle angelegt. Ergänzt werden die Tabellen für Attribute, Entities, Relationen, Sichten, Bearbeitungs- und Navigationsfunktionen durch weitere Tabellen, die die Beziehungen zwischen den Elementen widerspiegeln, so daß auch die gesamte graphisch definierte Information in der Datenbank vorhanden ist. Die Beschreibung der einzelnen Datenbanktabellen befindet sich in Anhang B.

6.4 Regelbasiertes System zur Generierung software-ergonomisch gestalteter Benutzungsoberflächen

Zur Generierung einer Benutzungsoberfläche aus den definierten Sichten wurden software-ergonomische Gestaltungsrichtlinien in Regeln überführt und daraus eine Regelbasis aufgebaut.

Aufgrund der gestellten Anforderungen wurde zur Implementierung der Regelbasis die hybride Expertensystementwicklungsumgebung Nexpert Object (Neuron Data /127/, /128/, /129/, /130/, /131/) gewählt. Sie stellt für die Wissensmodellierung neben Regeln auch Objekt- und Klassenkonzepte zur Verfügung. Dies ermöglicht zum Teil die Anwendung objektorientierter Konzepte, die durch Klassenbildung und Vererbung zur besseren Strukturierung der Daten und Regeln beitragen.

So ist es möglich, die vordefinierten Interaktionsobjekte in Form von Klassen zu realisieren und die Auswahl und Parameterfestlegung der Interaktionsobjekte sowie deren Anordnung mittels Regeln durchzuführen. Die dazu benötigte Information kann von Nexpert Object durch direkten Zugriff auf die Datenbank ermittelt werden.

Es wurden im Rahmen dieser Arbeit zwei Regelbasen implementiert. Die erste Regelbasis dient zur Generierung von maskenorientierten Benutzungsoberflächen. Sie wurde erstellt, um frühzeitig die Realisierbarkeit der entwickelten Vorgehensweise zu zeigen. Die zweite Regelbasis ist für die Generierung von graphischen Benutzungsoberflächen und enthält die dafür benötigten Interaktionsobjekte und Designregeln.

Der Einsatz einer Expertensystemshell wie Nexpert Object bietet den Vorteil, daß durch den Austausch der Regelbasis für eine Anwendung verschiedene Benutzungsoberflächen erstellt werden können. Dies eröffnet die Möglichkeit der einfachen Realisierung von firmeninternen Standards durch Angabe der entsprechenden Regeln oder Definition anderer Interaktionsobjekte. Zusätzlich ist es möglich, neue Gestaltungsrichtlinien und Standards, die sich gerade im Bereich der graphischen Benutzungsoberflächen erst noch entwickeln, in Regeln zu überführen und in die bereits vorhandenen zu integrieren. Zur Modifikation der Regelbasis bietet Nexpert Object eine graphische Oberfläche.

6.5 Generator zur Erstellung der Oberflächenbeschreibung für ein User Interface Management System

Die mit dem regelbasierten System von GENIUS erzeugte Beschreibung für eine Benutzungsoberfläche ist unabhängig von den unterschiedlichen auf dem Markt vorhandenen Oberflächenwerkzeugen. Es wurde ein zusätzlicher Abbildungsschritt eingeführt, der die erzeugte abstrakte Beschreibung in die konkrete Beschreibungssprache eines existierenden Oberflächenwerkzeugs, z. B. eines User Interface Management Systems, transformiert. Diese Zwischenstufe hat den Vorteil, daß zur Darstellung und Ausführung der generierten Benutzungsoberfläche jedes beliebige Oberflächenwerkzeug verwendet werden kann. So ist es möglich, verschiedene

Werkzeuge und unterschiedliche Betriebssysteme, Fenstersysteme und Hardwareplattformen zu unterstützen.

Realisiert wurde eine Abbildung auf die Beschreibungssprache des ISA-Dialogmanagers (Raether /152/). Dieses User Interface Management System wurde gewählt, weil es neben der Beschreibung für die statischen Elemente einer Benutzungsoberfläche auch eine Regelsprache hat, mit der der dynamische Teil, der Dialogablauf, spezifiziert werden kann. Die graphische Dialogbeschreibung kann somit auf diese Regelsprache abgebildet werden.

Das Werkzeug zur Transformation der generierten Beschreibung der Benutzungsoberfläche in die Beschreibungssprache des ISA-Dialogmanagers wurde mit den UNIX-Programmentwicklungswerkzeugen *yacc* und *lex* realisiert. Mit *yacc* kann aus einer grammatikalischen Beschreibung einer Sprache ein Erkenner konstruiert werden. Mit *lex* können Funktionen zur lexikalischen Analyse, d. h. zur Erkennung von Worten, erstellt werden.

6.6 Editor zu Definition und Modifikation der Standardwerte

Zur leichteren Anpassung des Generierungsprozesses an firmen- und anwendungsspezifische Gegebenheiten wurden Standardwerte definiert. Es werden dabei folgende Arten von Standardwerten unterschieden:

- Geometrie
  Mit den Geometrie-Angaben kann das Layout der Benutzungsoberflächen festgelegt werden. Tabelle 6.1 enthält die möglichen Angaben, mit denen auch das Layoutraster (vgl. Abschnitt 5.4.3.3) bestimmt werden kann.

Abstrakte Interaktionsobjekte	**Geometrie**
Fenster	Abstand vom Fensterrand in Gittereinheiten: linker Rand, rechter Rand oberer Rand, unterer Rand
Gruppen	Abstände von einer Gruppe: externer horizontaler und vertikaler Abstand Abstände innerhalb einer Gruppe: interner horizontaler und vertikaler Abstand
Liste	minimale Spaltenbreiten minimale Anzahl von Zeilen
Tabelle	maximale Größe horizontal und vertikal minimale Spaltenbreiten minimale Anzahl von Zeilen
Operationsauswahl	minimale Größe Ausrichtung (links, zentriert, rechts)
Skala	minimale Größe

Tabelle 6.1: Standardwerte zur Festlegung der Geometriewerte, die das Layout der generierten Benutzungsoberflächen beeinflussen

- Konfiguration
  Bei der Konfiguration werden die Schwellwerte angegeben, die über die Auswahl der Interaktionsobjekte entscheiden. Hier kann das Mengengerüst der Datenelemente, das die Auswahl der Interaktionsobjekte bestimmt, verändert werden (vgl. Tabelle 5.17).

- Vorbelegungen für abstrakte Interaktionsobjekte
  Mit den Standardwerten können die Parameter der abstrakten Interaktionsobjekte vorbelegt werden. Tabelle 6.2 zeigt die möglichen Vorbelegungen.

Abstrakte Interaktionsobjekte	**Farbe**		**Schrift**			**weitere Standardwerte**
	Hintergrund	Vordergrund	Art	Stil	Größe	
Fenster	●	●	●	●	●	Meldung, Position der Meldung Status, Position des Status Befehlsprompt, Position des Befehlsprompts Funktionstasten, Position der Funktionstasten horizontaler Verschiebbalken vertikaler Verschiebbalken Fenstergröße (x, y) Fensterposition (x, y)
Dialogbox	●	●	●	●	●	Aktion für verschiedene Meldungen: Aktion: Wiederholen, Abbrechen, Hilfe Fehler: Ok, Abbrechen, Hilfe Information: Ok, Hilfe Warnung: Weiter, Abbrechen, Hilfe Prompt: Ok, Anwenden, Reset, Abbrechen, Hilfe
Menü	●	●	●	●	●	Ausrichtung der Menüeinträge Position der Tastenkombinationen
Operationsauswahl	●	●	●	●	●	
Konstantenfeld	●	●	●	●	●	
Titel	●	●	●	●	●	Titelausrichtung Titelabstand
Datenfeld	●	●	●	●	●	Hintergrundfarbe Kannfelder Hintergrundfarbe Mußfelder Platzhalter Platzhalter Kannfelder Platzhalter Mußfelder
Datenfeld mit Feldbezeichner						Trennzeichen Abstand Feldbezeichner, Datenfeld
Einfachauswahl	●	●				
Mehrfachauswahl	●	●				
Gruppe	●	●	●	●	●	Objektanordnung (vertikal, horizontal)
Liste	●	●	●	●	●	Ausrichtung der Einträge
Tabelle	●	●	●	●	●	Ausrichtung der Einträge Rahmenbreite Zeilentrennung Spaltentrennung Abstand von der Beschriftung
Skala	●	●	●	●	●	
Schrift	●	●	●	●	●	

Tabelle 6.2: Standardwerte zur Vorbelegung der Parameterwerte der abstrakten Interaktionsobjekte

- Zielumgebung
  Mit den Standardwerten können die in der Zielumgebung vorhandenen, konkreten Interaktionsobjekte und deren Abbildung auf die abstrakten Interaktionsobjekte angegeben werden.

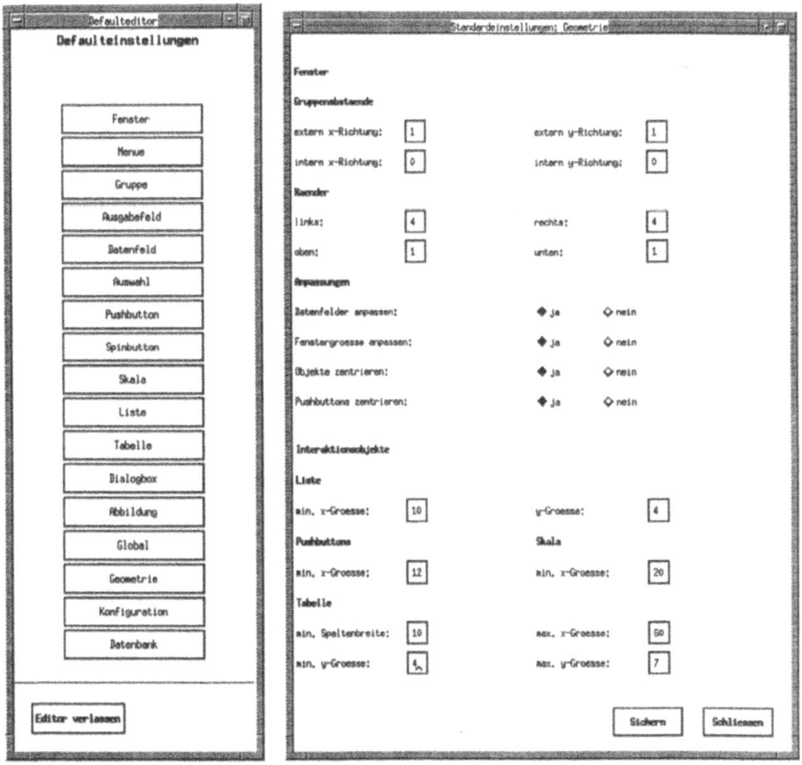

Abbildung 6.4: Editor zur Anzeige und Modifikation der Standardwerte

Um für den Benutzer eine einfache Änderbarkeit der Standardwerte zu ermöglichen, ohne dabei Kenntnisse über die Regelbasis und deren Aufbau zu haben, wurde ein entsprechender Editor erstellt. Der Editor bietet eine graphische Benutzungsoberfläche zur Anzeige und Modifikation der Standardwerte. Zur Implementierung des Editors wurde der ISA-Dialogmanager eingesetzt.

6.7 Darstellung und Weiterbearbeitung der erzeugten Benutzungsoberfläche

Zur Darstellung der Benutzungsoberfläche wird ein UIMS, der ISA-Dialogmanager (Raether /152/), verwendet. Die Abbildungen 6.5 und 6.6 zeigen definierte Sichten und die daraus generierten Fenster. Der Dialogmanager besteht aus einem Objekt- und einem Regeleditor zur interaktiven Erstellung von graphischen Benutzungsoberflächen, einer Simulations- und einer Laufzeitkomponente. Der Objekteditor des Dialogmanagers kann zur Weiterbearbeitung der generierten Benutzungsoberflächen benutzt werden. Die mit dem Dialogmanager erstellten Benutzungsoberflächen sind auf verschiedene Hardwareplattformen mit den dort verbreiteten Oberflächen wie, z. B. OSF/Motif, Presentation Manager, MS-Windows, übertragbar.

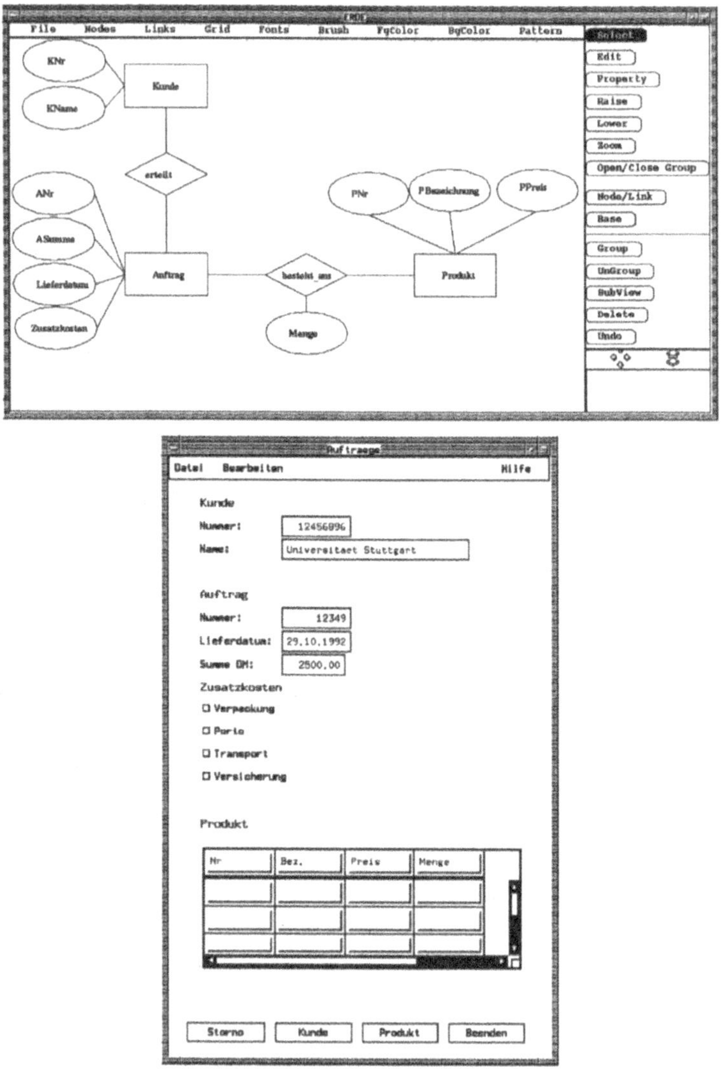

Abbildung 6.5: Definierte Sicht und das dazu generierte Fenster

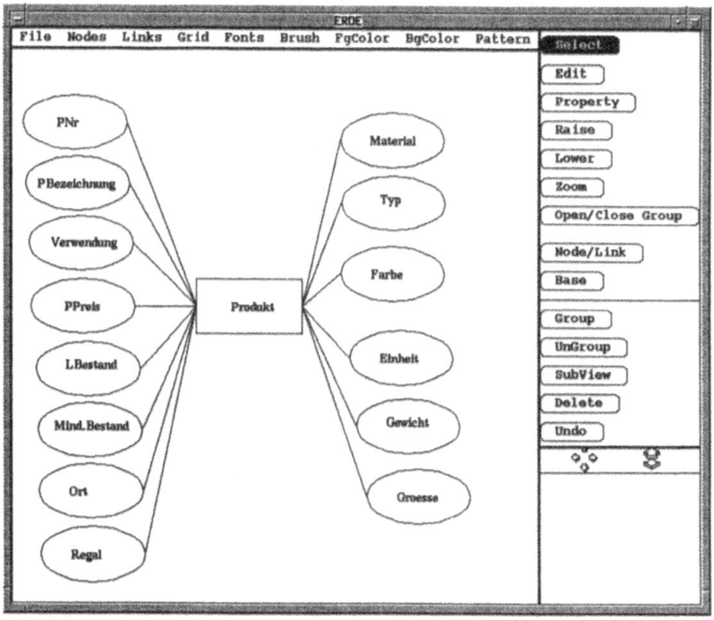

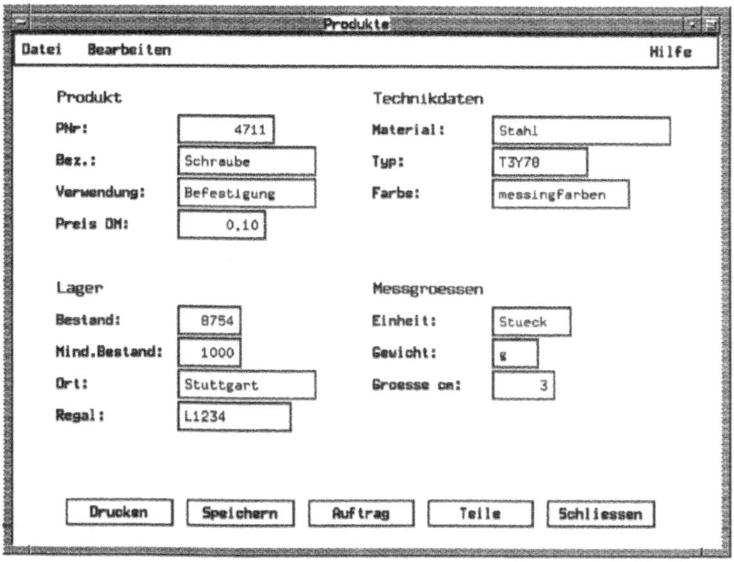

Abbildung 6.6: Definierte Sicht und das dazu generierte Fenster

6.8 Integration von Benutzungsoberflächen- und Dialogspezifikation

Der durch die Navigationsfunktionen definierte Dialogablauf kann mit Hilfe von Dialognetzen (Janssen /88/), einer Petri-Netz-basierten Technik, auch graphisch dargestellt werden. Die Integration von Benutzungsoberflächen- und Dialogspezifikation wird durch eine Verbindung zwischen den Editoren für die Sichtendefinition und die Dialognetze realisiert (vgl. Abbildung 6.7). Hierbei wird Konsistenzunterstützung, einschließlich der Generierungsmöglichkeit beim Übergang von der Benutzungsoberflächenspezifikation auf die Dialogspezifikation und umgekehrt, mit berücksichtigt. Dazu gehört, daß bei der Sichtendefinition und der Dialogspezifikation dieselben Funktionen verwendet werden. Die den Sichten zugeordneten Navigations- und Bearbeitungsfunktionen werden als Aktionen in dem entsprechenden Dialognetz auftreten bzw. umgekehrt, die Aktionen als Funktionen in den Sichten.

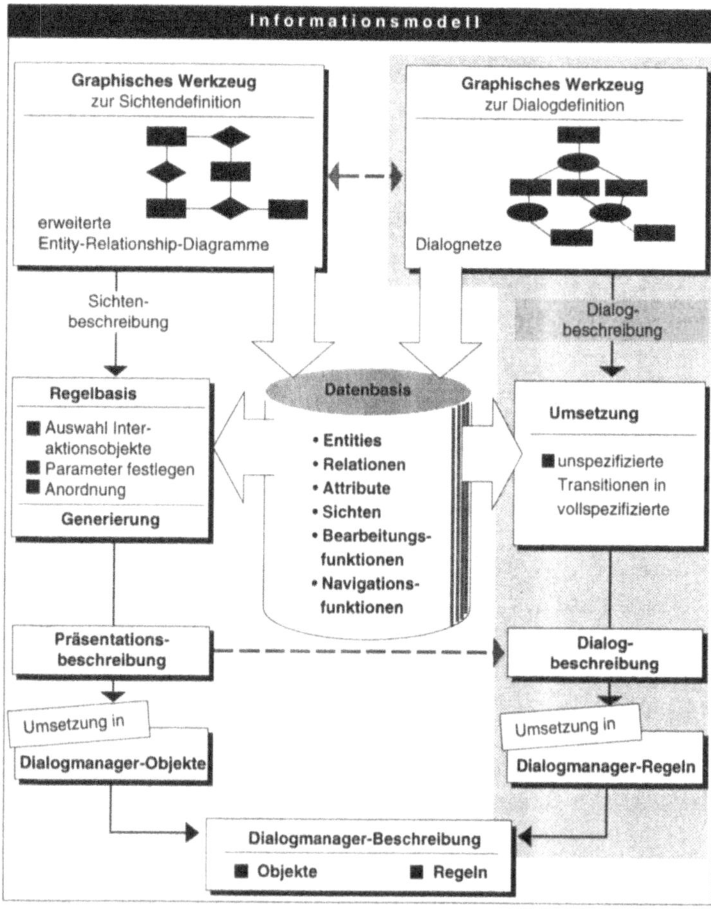

Abbildung 6.7: Integration von Sichtendefinition und Dialognetzspezifikation

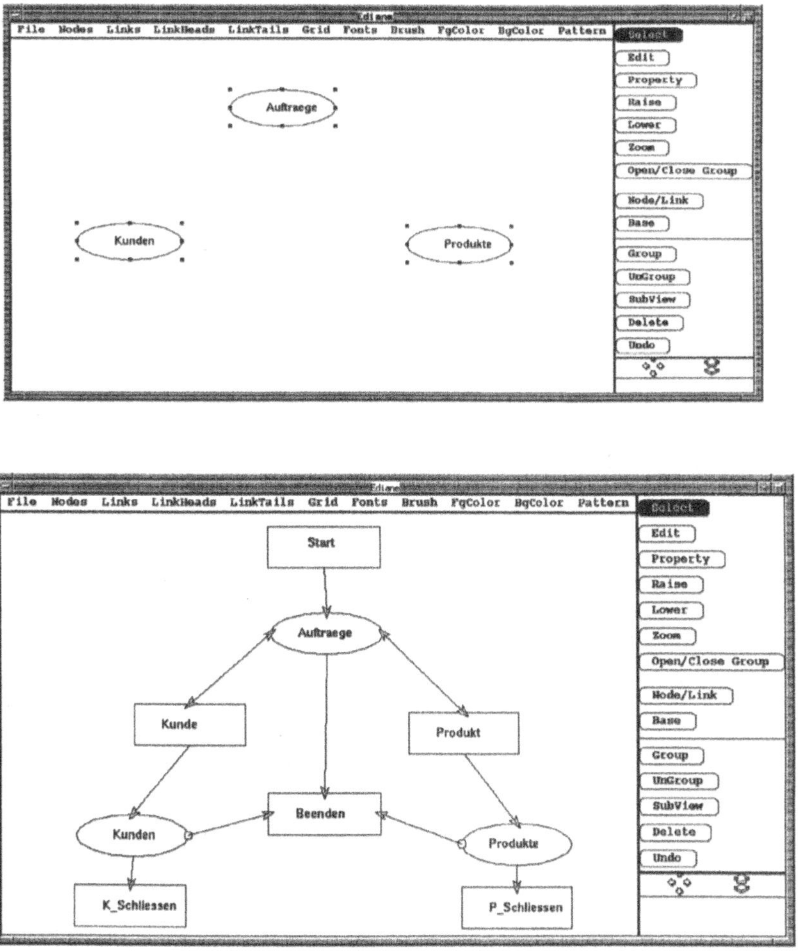

Abbildung 6.8: Dialognetzeditor

Beim Übergang von der Sichtendefinition zur Dialogdefinition mit Dialognetzen werden die definierten Sichten als Stellen im Dialognetz dargestellt, so daß die Definition des Dialogablaufs auch graphisch mittels der Dialognetze durchgeführt werden kann (vgl. Abbildung 6.8). Um dies zu unterstützen, wurde ein Werkzeug realisiert, das die definierten Sichten anzeigt, die Selektion der gewünschten Sichten erlaubt und aus diesen dann Stellen für ein Dialognetz erstellt. Daraufhin wird der Editor für die Dialognetze automatisch aktiviert, und es werden die erzeugten Stellen angezeigt, so daß sofort mit der Definition des Dialognetzes begonnen werden kann.

7 Generierung einer Benutzungsoberfläche für die Auftragsabwicklung im PPS-System

7.1 Einsatz der entwickelten Vorgehensweise zur Erstellung einer graphischen Benutzungsoberfläche für PPS-Systeme

Seit Jahren werden im Produktionsbetrieb verstärkt rechnergestützte Systeme zur Produktionsplanung und -steuerung eingesetzt. PPS-Systeme unterstützen die planenden und dispositiven Aufgaben und ermitteln auftrags- und arbeitsplatzbezogene Vorgaben für die Werkstattsteuerung. Im Bereich der Werkstattsteuerung werden sie z. B. durch Leitstandssysteme unterstützt (Krahl /98/), um auch der kurzfristigen und fertigungsnahen Planung gerecht zu werden. Die Ziele, die mit dem Einsatz von PPS-Systemen verfolgt werden, lassen sich in den betrieblichen Zielen nach geringen Lagerbeständen und hoher Kapazitätsauslastung und den immer mehr an Bedeutung gewinnenden marktorientierten Zielen nach hoher Lieferbereitschaft und kurzen Durchlaufzeiten (Kernler /93/) zusammenfassen.

Während in den Anfangsjahren der PPS-Systeme ihr Einsatz auf den Bereich der Großrechner und der mittleren Datenverarbeitung beschränkt und somit für kleine und mittlere Unternehmen unerschwinglich war, hat sich dies in den letzten Jahren durch die Verbreitung von PCs mit Betriebssystemen wie MS-DOS und OS/2 sowie Unix-Workstations geändert (Kurbel /99/). Dies hat viele PPS-Hersteller gezwungen, ihre Produkte auf diese Hardwareplattformen und Betriebssysteme zu portieren. Der Einsatz von Fenstersystemen auf diesen Plattformen, z. B. X-Windows-System für Unix, MS-Windows für MS-DOS, Windows NT und Presentation Manager für OS/2, führt dazu, daß nicht nur die Anwendung portiert werden muß, sondern auch eine neue graphische Benutzungsoberfläche geschaffen werden muß. Viele PPS-Hersteller stehen momentan vor dieser Migration von maskenorientierten Benutzungsoberflächen hin zu graphischen. So werden beispielsweise AS/400-Anwendungen mit einem OS/2 Frontend mit Presentation Manager versehen, MS-DOS-Anwendungen erhalten eine Windows-Oberfläche und HP 3000 oder VMS Anwendungen werden nach Unix portiert und erhalten eine OSF/Motif Oberfläche. Diese Migration impliziert nicht nur eine Neugestaltung der alten Masken in Form von Fenstern und der Verwendung von graphischen Gestaltungselementen, sondern einen völlig neustrukturierten Dialogablauf. Dies bietet die Chance, Informationsaufbereitung und -bereitstellung des PPS-Systems durch software-ergonomisch gestaltete Benutzungsoberflächen zu unterstützen und so einen effizienteren Arbeitsablauf zu gewährleisten. Für die PPS-Hersteller ergeben sich daraus folgende Herausforderungen, die sie meist nur schwer bewältigen können:

- Aufbau von Wissen bei den Entwicklern zur Gestaltung und Implementierung von graphischen Benutzungsoberflächen,
- hoher Arbeitsaufwand bei der Erstellung graphischer Benutzungsoberflächen,

- kurze Entwicklungszeiten, um möglichst schnell mit dem neuen Produkt auf den Markt zu kommen,
- Neugestaltung des Dialogablaufs,
- Gestaltung graphischer Benutzungsoberflächen,
- Umsetzung software-ergonomischer Gestaltungsrichtlinien.

Für kleinere und mittlere PPS-Hersteller können diese Herausforderungen zur Existenzgefährdung werden.

7.1.1 Einsatz des Verfahrens bei neuen und bestehenden Anwendungen

Vor diesem Hintergrund wurde das in dieser Arbeit entwickelte Verfahren unter Einsatz der realisierten Werkzeugumgebung GENIUS in verschiedenen Projekten eingesetzt, um die Erstellung von graphischen Benutzungsoberflächen für betriebliche Informationssysteme zu unterstützen. Dabei handelte es sich zum einen um Neuentwicklungen von PPS-Systemen für Unix-Plattformen mit dem X-Windows-Fenster-System und OSF/Motif sowie um die Migration von MS-DOS-Anwendungen nach MS-Windows.

Bei der Migration von maskenorientierten PPS-Systemen hin zu Systemen mit graphischen Benutzungsoberflächen konnte durch Einsatz von GENIUS in kurzer Zeit durch die automatische Generierung ein erster Entwurf für die Fenster und Dialogabläufe unter Berücksichtigung der grundlegenden software-ergonomischen Gestaltungsregeln geschaffen werden. Ausgangspunkt bildete das Datenmodell. Dabei konnte entweder auf ein bereits vorhandenes Datenmodell zurückgegriffen werden oder das Datenmodell wurde aus den im bestehenden System verwendeten Daten abgeleitet. Ersteres war dann der Fall, wenn in dem System bereits ein relationales Datenbankmanagementsystem verwendet wurde.

Bei der Neuentwicklung stand vor der Generierung der endgültigen Benutzungsoberfläche noch die Ermittlung der Anforderungen. Zu diesem Zweck wurden entsprechend der entwickelten Vorgehensweise (vgl. Abschnitt 5.7) mit GENIUS Prototypen generiert, die in den frühen Phasen der Entwicklung die Diskussionsgrundlage für Anwender und Entwickler bildeten. Hierbei bildet der erste Entwurf des Datenmodells aus der Anforderungsanalyse die Grundlage für die Generierung der Prototypen. Die mit der Evaluation der Prototypen erzielten Ergebnisse werden zur Vervollständigung des Datenmodells herangezogen. Das so entwickelte Datenmodell und die ermittelten Funktionen dienen zur Generierung des ersten Entwurfs der endgültigen Benutzungsoberfläche.

In den folgenden Abschnitten wird die in den Projekten angewendete Vorgehensweise am Beispiel der Generierung einer graphischen Benutzungsoberfläche für die kundennahen Teile der Auftragsabwicklung beschrieben. Die Auftragsabwicklung wird gewählt, da sie eine integrierte und bereichsübergreifende Unternehmensfunktion (DIN /42/) ist, mit der Produktivitätssteigerungen durch die Verkürzung der Auftragsdurchlaufzeiten realisiert werden können. Die

Funktionalität der PPS-Systeme unterscheidet sich stark in Abhängigkeit vom Betriebstyp. Da sich die meisten durchgeführten Projekte auf PPS-Systeme für kleine und mittlere Betriebe, die Auftragsfertigung betreiben, bezogen, wird auch ein solches in den weiteren Ausführungen zugrunde gelegt. Bei der Auftragsfertigung wird jeder Kundenauftrag individuell angefertigt. Es gibt somit keine fertigen Stücklisten und Arbeitspläne und deren Erstellung muß auch ohne Teilestammdaten möglich sein.

7.1.2 Ablauf bei der Generierung der Benutzungsoberfläche für die Auftragsbearbeitung

Das zu erstellende PPS-System wird auf Basis des Betriebssystems Unix entwickelt und mit einer OSF/Motif-konformen Benutzungsoberfläche versehen. Ausgehend von dem in Abschnitt 7.2 definierten konzeptionellen Datenmodell wird die Benutzungsoberfläche für die Auftragsbearbeitung in einem PPS-System generiert. Zur Generierung der Benutzungsoberfläche werden die folgenden Schritte durchgeführt, die in den nachfolgenden Abschnitten detailliert erläutert werden:

- Verfeinerung des Datenmodells durch die Definition und Beschreibung der Attribute,
- Festlegung der Standardwerte für die Generierung (Definition der anwendungsspezifischen Menüleiste, Fensterdefinition),
- Definition der einzelnen Sichten (Einstiegs-, Auswahl- und Detailsichten),
- Definition und Zuordnung der Bearbeitungs- und Navigationsfunktionen,
- Generierung der Benutzungsoberfläche mit GENIUS.

Weitere Ergebnisse der Generierung der Benutzungsoberfläche für die Kundenverwaltung sind in Anhang D zu finden.

7.2 Datenmodell für die Auftragsbearbeitung im PPS-System

Die Grunddaten und deren Beziehung werden in dem in Abbildung 7.1 dargestellten Entity-Relationship-Modell beschrieben. Dieses Modell bildet das konzeptionelle Datenmodell für das zu entwickelnde PPS-System. Davon ausgehend wird für den Teilbereich der Auftragsbearbeitung die Information festgelegt, die zur Bearbeitung einer Aufgabe auf der Benutzungsoberfläche sichtbar sein muß.

Es handelt sich bei dem Datenmodell um ein grobes, unnormalisiertes Modell, das noch keine Attribute enthält und bei dem die n:m Beziehungen noch nicht aufgelöst sind. Für die Modellierung der Auftragsbearbeitung wird die n:m Beziehung zwischen Auftrag und Artikel in zwei 1:n-Beziehungen aufgelöst (vgl. Abbildung 7.2).

Die ausführliche Beschreibung der einzelnen Entities und deren Beziehungen sowie die einzelnen Attribute sind in Anhang C aufgeführt.

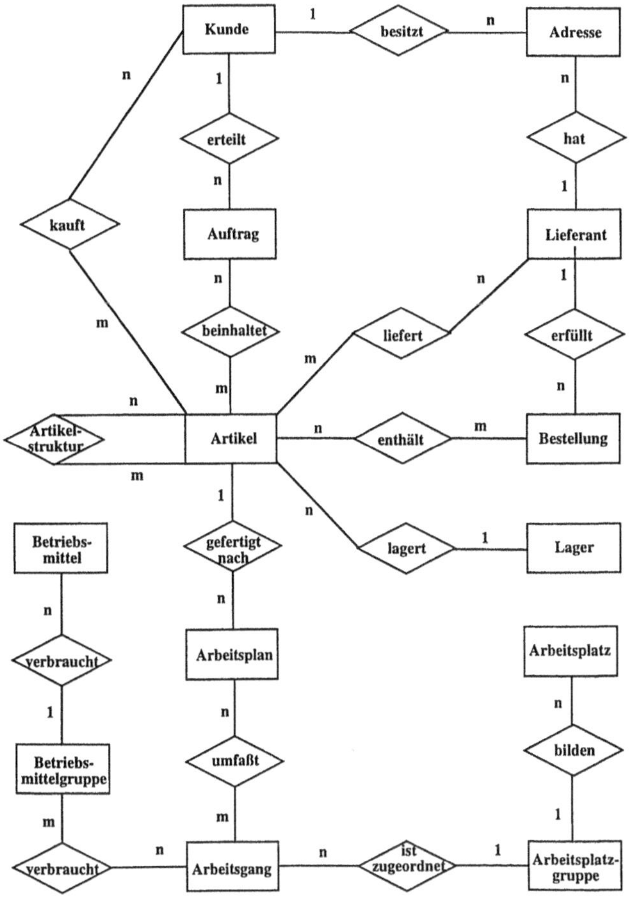

Abbildung 7.1: Grobes Datenmodell für ein PPS-System in Form eines Entity-Relationship-Modells

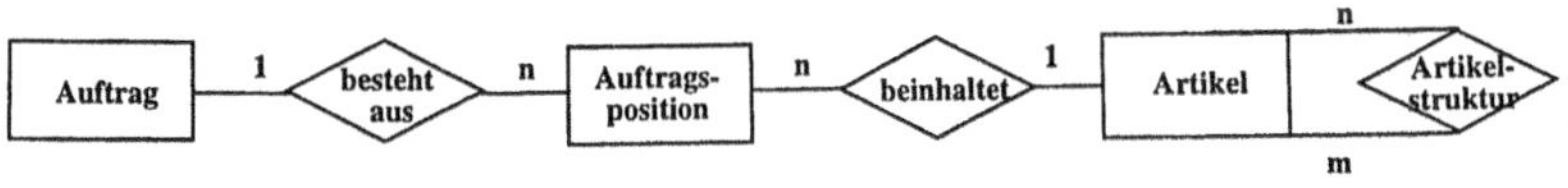

Abbildung 7.2: Normalisierung der n:m Beziehung zwischen Auftrag und Artikel durch zwei 1:n Beziehungen zwischen Auftrag und Auftragsposition sowie zwischen Auftragsposition und Artikel

7.3 Sichtendefinition und Generierung der Benutzungsoberfläche für die Auftragsbearbeitung

7.3.1 Definition und Generierung der Einstiegssicht

7.3.1.1 Einstiegssicht

Der Systemeinstieg wird mittels der Einstiegssicht modelliert (vgl. Abschnitt 5.3.3.1). Aus der Einstiegssicht wird das Hauptfenster der Anwendung generiert. Die hier definierte Einstiegssicht (vgl. Abbildung 7.3) zeigt nur die Kernkomponenten eines PPS-Systems. Es können noch weitere Komponenten, wie z. B. BDE hinzukommen. Die dargestellten Komponenten zeigen die Grunddaten des PPS-Systems wie Kunden, Aufträge, Artikel, Arbeitsplätze und Betriebsmittel sowie die Zugänge zu den Bereichen Einkauf, Disposition, Vertrieb, Lager und Fertigungssteuerung. Abbildung 7.4 zeigt das aus der Einstiegssicht generierte Hauptfenster der Anwendungen.

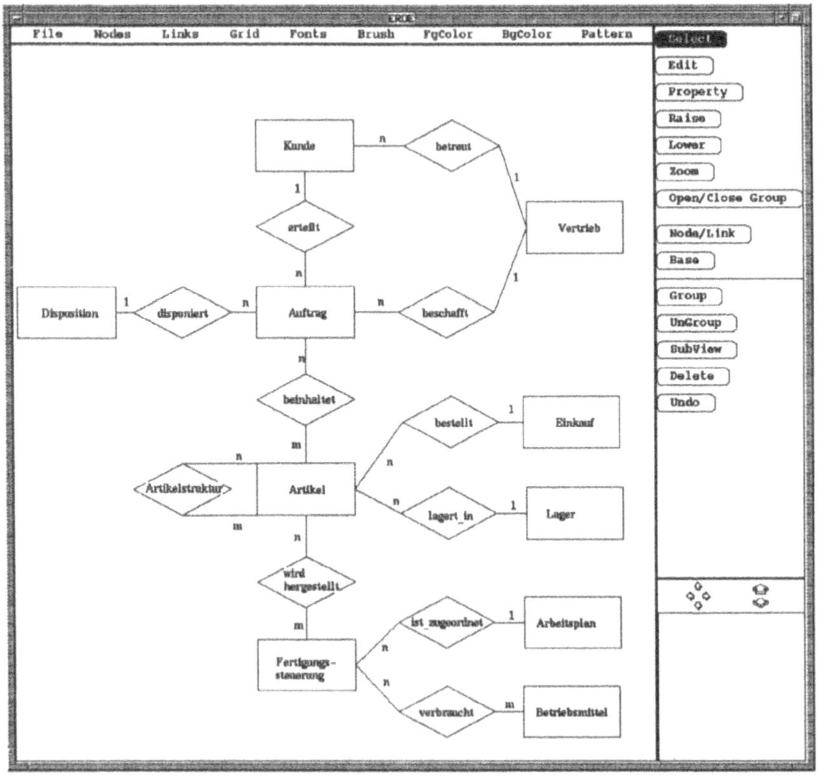

Abbildung 7.3: Definition der Einstiegssicht, basierend auf dem konzeptionellen Datenmodell

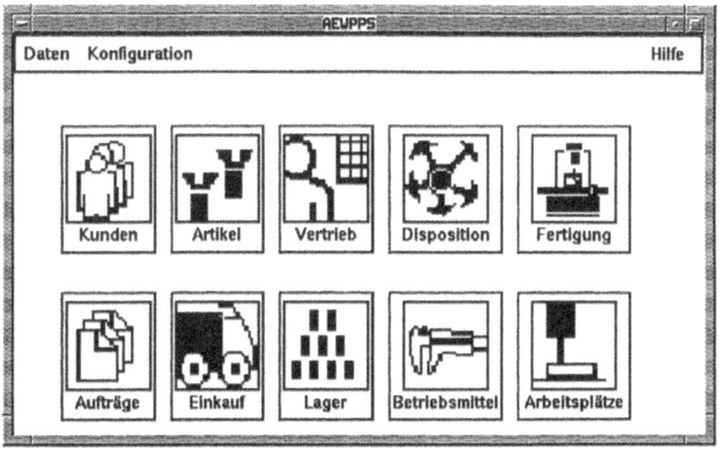

Abbildung 7.4: Aus der Einstiegssicht generiertes Hauptfenster

7.3.1.2 Zuordnung der Funktionen zur Einstiegssicht

Die der Einstiegssicht zugeordneten Funktionen und deren Gruppierung zeigt Tabelle 7.1. Für die Einstiegssicht wird eine eigene Menüleiste definiert, so daß alle Funktionen des Einstiegs Standardfunktionen sind.

Menü	Funktion	Bedeutung	Art	Typ
Daten	Neu	Neuanlage eines Datenobjekts in Abhängigkeit vom selektierten Objekttyp.	N	S
	Öffnen	Öffnet das ausgewählte Objekt und zeigt die Liste der vorhandenen Elemente.	N	S
	Auswählen	Aufruf des Auswahlfensters für das ausgewählte Objekt.	N	S
	Drucken	Druckt das ausgewählte Objekt, falls dafür die Funktion Drucken sensitiv ist.	B	S
	Beenden	Beenden der gesamten Anwendung.	N	S
Konfiguration	Neu ...	Es können neue Objekte auf dem Desktop angelegt werden.	N	S
	Eigenschaften	Beschreibung des ausgewählten Objekts.	B	S
	Filterdefinition ...	Definition von Filtern zur Speicherung von Auswahlabfragen.	N	S
	Löschen	Löscht ein selektiertes Icon auf dem Desktop.	B	S
Hilfe	Kontext	Standardhilfemenü nach OSF/Motif.	N	S
	Fenster			
	Tastenbelegung			
	Index			
	Hilfe			
	Tutorial			
	Version			

Tabelle 7.1: Funktionen in der Einstiegssicht und deren Gruppierung zu Menüeinträgen
Legende: Art: N - Navigationsfunktion, B - Bearbeitungsfunktion
Typ: S - Standard, A - Anwendungsspezifisch

7.3.2 Definition und Generierung der Auswahlsichten

Um einen schnellen Zugriff auf die Daten zu ermöglichen, werden zwei Zugriffswege angeboten, die aus der Definition von zwei Auswahlsichten pro Objekt generiert werden (vgl. Abschnitt 5.3.3.2).

7.3.2.1 Definition und Generierung der Listensicht

Ausgehend vom Einstieg kann mit der Funktion "Öffnen" die Liste der vorhandenen Elemente zu dem selektierten Objekt angezeigt werden. So ist es möglich, alle Aufträge in Listenform anzuzeigen und daraus die gewünschten Daten zu selektieren. Abbildung 7.5 zeigt die für die Listenauswahl definierte Sicht und das daraus und aus den zugeordneten Funktionen (vgl. Abschnitt 7.3.2.2) generierte Fenster.

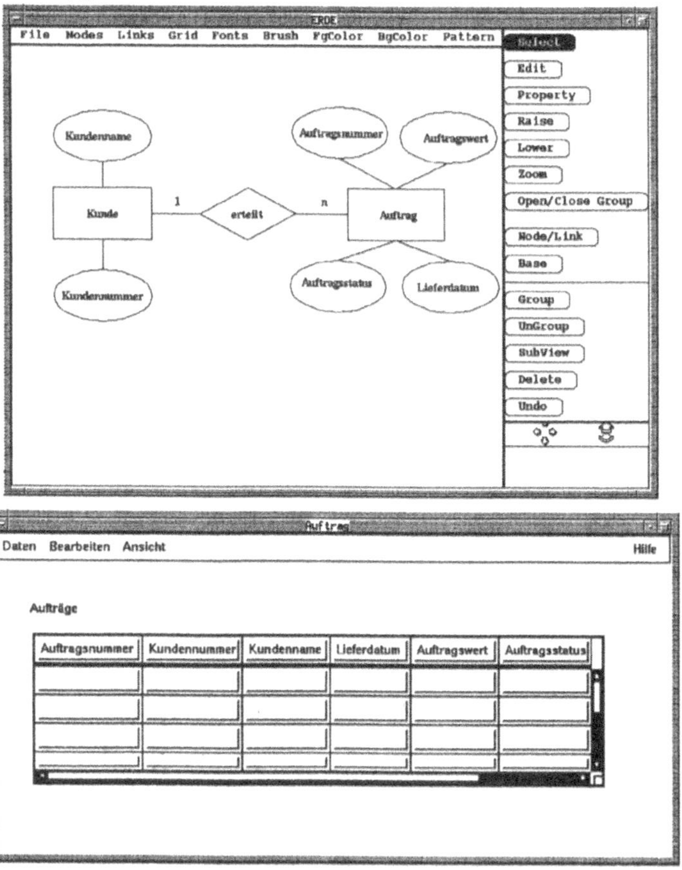

Abbildung 7.5: Sichtendefinition für Auswahl der Aufträge aus einer Liste und das daraus generierte Fenster

7.3.2.2 Zuordnung der Funktionen zur Listensicht

Tabelle 7.2 zeigt die der Listensicht zugeordneten Navigations- und Bearbeitungsfunktionen. Durch die Funktion "Öffnen" wird der selektierte Auftrag angezeigt. Die Funktion "Auswählen" verzweigt zu dem in Abschnitt 7.3.2.3 beschriebenen Auswahlfenster und ermöglicht so die Einschränkung der angezeigten Aufträge durch Eingabe von Selektionskriterien. Das Menü "Ansicht" enthält unterschiedliche Sichtweisen auf einen Auftrag, so daß der ausgewählte Auftrag mit seinen Auftragspositionen, dem Auftragskopf oder der Auftragsstruktur dargestellt werden kann.

Menü	Funktion	Bedeutung	Art	Typ
Daten	Neu	Erzeugt ein neues Objekt Auftrag und öffnet das Fenster zum Erfassen des Auftrags.	N	S
	Öffnen	Öffnet den ausgewählten Auftrag.	N	S
	Auswählen	Aufruf des Auswahlfensters zur Definition von Auswahlparametern um die Auswahlliste einzuschränken.	N	S
	Speichern	Speicherung der durchgeführten Änderungen.	B	S
	Speichern unter...	Abspeichern eines kopierten Objekts unter einem neuen Namen.	B	S
	Drucken	Druckt das ausgewählte Objekt.	B	S
	Archivieren	Archivieren der ausgewählten Objekte.	B	S
	Löschen	Löschen der ausgewählten Objekte.	B	S
	Schließen	Schließt das Fenster und beendet diesen Arbeitsschritt.	N	S
Bearbeiten	Widerruf	Letzte Aktion rückgängig machen.	B	S
	Ausschneiden	Schneidet das ausgewählte Objekt aus.	B	S
	Kopieren	Kopiert das ausgewählte Objekt.	B	S
	Einfügen	Fügt eine ausgeschnittenes oder kopiertes Objekt ein.	B	S
	Suchen ...	In der Tabelle nach bestimmten Einträgen Suchen. Es erscheint eine Dialogbox zur Eingabe der Suchkriterien.	N	S
	Erneut Suchen	Erneutes Suchen nach dem Suchbegriff in der Tabelle.	B	S
Ansicht	Auftrag	Zu dem ausgewählten Objekt wird der Auftrag mit seinen Auftragspositionen angezeigt (entspricht Öffnen).	N	S
	Auftragskopf	Details des Auftragskopfs werden angezeigt.	N	S
	Auftragsstruktur	Auftragsstruktur zu dem ausgewählten Auftrag wird angezeigt.	N	S
Hilfe	vgl. Tabelle 7.1	Standardhilfemenü nach OSF/Motif.	N	S

Tabelle 7.2: Funktionen in der Listensicht und deren Gruppierung zu Menüs
Legende: Art: N - Navigationsfunktion, B - Bearbeitungsfunktion
Typ: S - Standard, A - Anwendungsspezifisch

7.3.2.3 Definition und Generierung des Auswahlfensters

Falls sehr viele Daten vorliegen, wird die Listendarstellung unübersichtlich. Dies gilt besonders für Entities wie Artikel aber auch für Kunden und Aufträge. Aus diesem Grund wird ein zweiter Weg zur gezielten Auswahl von Daten angeboten. Mit der Funktion "Auswählen" erscheint eine Dialogbox, in der Eigenschaften zu dem selektierten Objekttyp spezifiziert werden können. Abbildung 7.6 zeigt die Sichtendefinition für dieses Auswahlfenster. Sie enthält mehr Attribute zur Spezifikation der gewünschten Elemente als die in Abschnitt 7.3.2.1 definierte Listensicht.

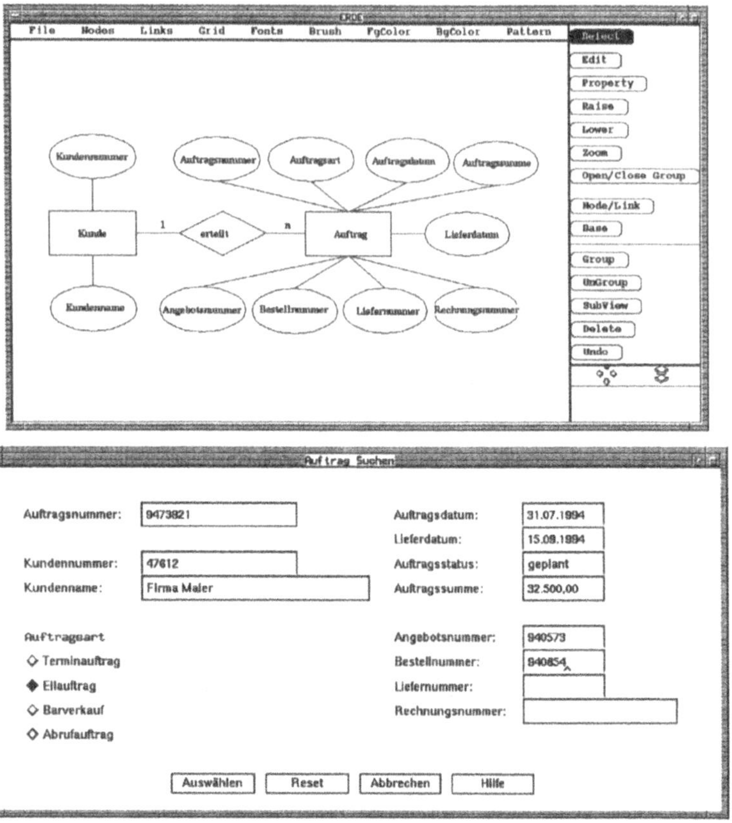

Abbildung 7.6: Sichtendefinition für ein Auswahlfenster zur Spezifikation von Selektionskriterien, nach denen die Aufträge ausgewählt werden sollen, und das daraus generierte Fenster

7.3.2.4 Zuordnung der Funktionen zum Auswahlfenster

Die im Auswahlfenster zur Verfügung stehenden Funktionen (vgl. Tabelle 7.3) werden als Operationsauswahl dargestellt, da nur wenige Funktionen benötigt werden und eine Dialogbox keine Menüleiste hat.

Funktion	Bedeutung	Art	Typ
Auswählen	Auswahl nach Suchkriterien, Anzeige des Ergebnisses in einer Liste	N	A
Reset	Löscht die Werte für die eingegebenen Suchkriterien	B	A
Abbrechen	Schließt die Dialogbox	N	A
Hilfe	Standardhilfefunktion nach OSF/Motif	N	S

Tabelle 7.3: Funktionen im Auswahlfenster. Legende: Art: N - Navigationsfunktion, B - Bearbeitungsfunktion; Typ: S - Standard, A - Anwendungsspezifisch

7.3.3 Definition und Generierung der Detailsichten zur Auftragsbearbeitung

7.3.3.1 Detailsicht Auftrag

Für die Bearbeitung von einzelnen Kundenaufträgen wird eine Detailsicht Auftrag definiert. Diese Sicht enthält die wichtigsten Daten des Auftragskopfs und der einzelnen Auftragspositionen (vgl. Abbildung 7.7). Bei den Attributen Auftragssumme und Summe pro Auftragsposition handelt es sich um abgeleitete Attribute (vgl. Abschnitt 5.2.2.2), die im konzeptionellen Datenmodell nicht vorhanden sind, da sie aus dort spezifizierten Attributen berechnet werden können.

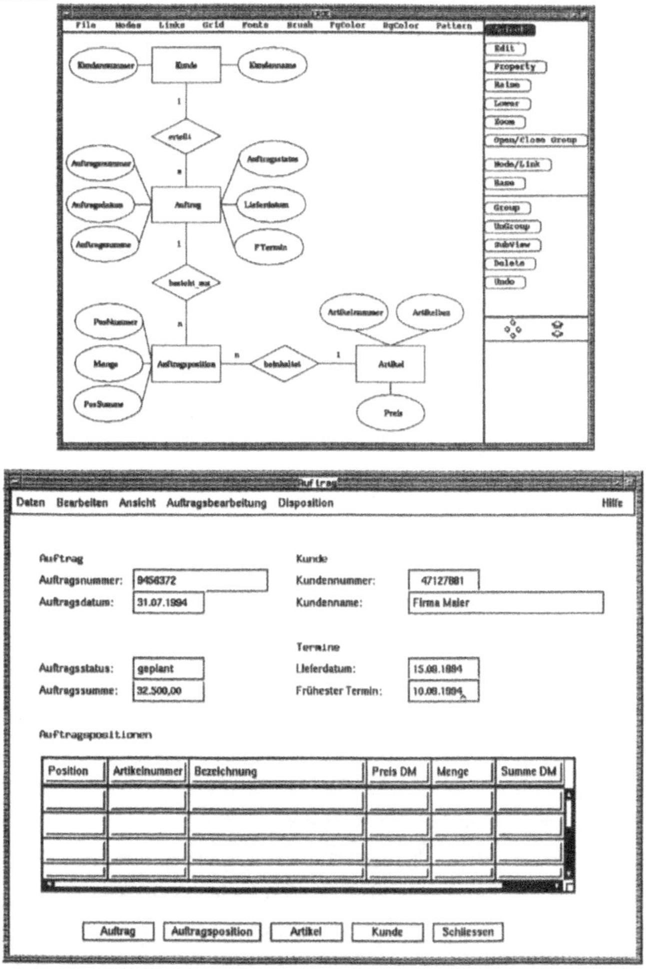

Abbildung 7.7: Sichtendefinition für einen Auftrag und das daraus generierte Fenster

Die 1:n Beziehung zwischen Auftrag und Auftragsposition bewirkt bei der Generierung, daß die Auftragspositionen in einer Tabelle dargestellt werden, da zu einem Auftrag mehrere Auftragspositionen gehören.

7.3.3.2 Zuordnung der Funktionen zur Detailsicht Auftrag

Die Detailsicht Auftrag enthält dieselben Bearbeitungs- und Navigationsfunktionen, die in Tabelle 7.2 bereits für die Listenauswahl beschrieben sind. Zusätzlich kommen spezifische Funktionen für die Auftragsbearbeitung hinzu. Diese Funktionen werden in den beiden Gruppen Auftragsbearbeitung und Disposition zusammengefaßt und sind in Tabelle 7.4 dargestellt.

Menü	Funktion	Bedeutung	Art	Typ
Daten	wie in Tabelle 7.2			
Bearbeiten	wie in Tabelle 7.2			
Ansicht	wie in Tabelle 7.2			
Auftrags-bearbeitung	Angebot übernehmen	Angebot als Auftrag übernehmen	B	A
	Stornieren	Auftrag stornieren	B	A
	Abschließen	Auftrag abschließen	B	A
	Preisrechnung	kundenspezifische Preisrechnung	B	A
	Angebot	Angebotserstellung	B	A
	Auftragsbestätigung	Erstellung Auftragsbestätigung	B	A
	Lieferschein	Erstellung Lieferschein	B	A
	Rechnung	Erstellung Rechnung	B	A
	Gutschrift	Erstellung Gutschrift	B	A
Disposition	Verfügbarkeit prüfen	Prüfung der Verfügbarkeit für jede Auftragsposition	B	A
	Terminermittlung	Ermittlung der möglichen Liefertermine	B	A
	Vorwärtsterminierung	Terminierung ausgehend vom Anfangstermin	B	A
	Rückwärtsterminierung	Terminierung ausgehend vom Endtermin	B	A
	Auftragsgenerierung	Auftrag auflösen	B	A
Hilfe	wie in Tabelle 7.2			

Tabelle 7.4: Funktionen in der Listensicht und deren Gruppierung zu Menüs.
Legende: Art: N - Navigationsfunktion, B - Bearbeitungsfunktion
Typ: S - Standard, A - Anwendungsspezifisch

Funktion	Bedeutung	Art	Typ
Auftrag	Verzweigung zu weiteren Details des Auftragskopfs	N	A
Auftragsposition	Verzweigung zur Detailbeschreibung der ausgewählten Auftragsposition	N	A
Kunde	Verzweigung zu den Kundendaten	N	A
Artikel	Verzweigung zu den Artikeldaten der ausgewählten Auftragsposition	N	A
Schließen	Beendigung der Bearbeitung des aktuellen Auftrags	N	S

Tabelle 7.5: Navigationsfunktionen im Detailfenster Auftrag.
Legende: Art: N - Navigationsfunktion, B - Bearbeitungsfunktion
Typ: S - Standard, A - Anwendungsspezifisch

Wie in Abschnitt 5.3.3 beschrieben, werden aus dem Datenmodell die wichtigsten Dialogabläufe abgeleitet. Für die Sicht Auftrag ist dies die Verzweigung zu weiteren Detailsichten wie dem Auftragskopf und den einzelnen Auftragspositionen. Hinzu kommen die Übergänge zu benachbarten Entities wie Kunde und Artikel. Diese Navigationsfunktionen und die Funktion Schließen (vgl. Tabelle 7.5) werden als Operationsauswahl dargestellt, damit ein schneller Zugriff bei deren häufiger Verwendung gewährleistet ist.

7.3.3.3 Detailsicht Auftragskopf

Abbildung 7.8 zeigt die für den Auftragskopf definierte Detailsicht und das daraus generierte Fenster. Die der Sicht zugeordneten Funktionen sind dieselben wie in Tabelle 7.4 beschrieben.

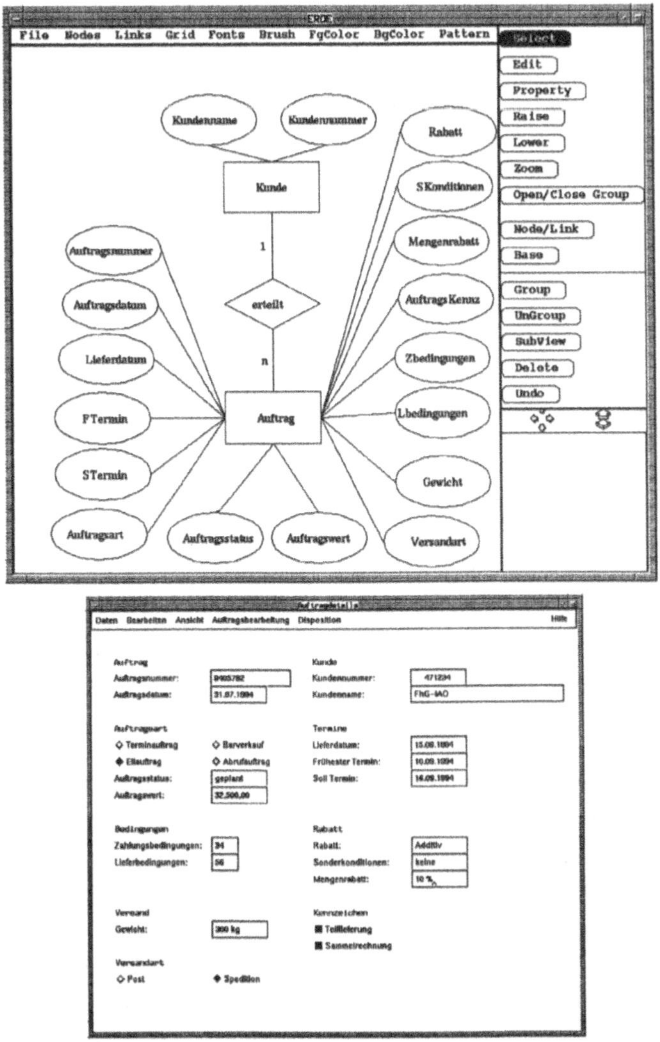

Abbildung 7.8: Definition der Sicht Auftragskopf und das daraus generierte Fenster

7.4 Definition der Standardwerte

Bei den Standardwerten (vgl. Abschnitt 5.4.1.3 und 6.6), mit denen die Generierung beeinflußt werden kann, muß nur die Fensterdefinition an die Anwendung angepaßt werden (vgl. Abbildung 7.9). Es wurde hier eine anwendungsspezifische Menüleiste definiert.

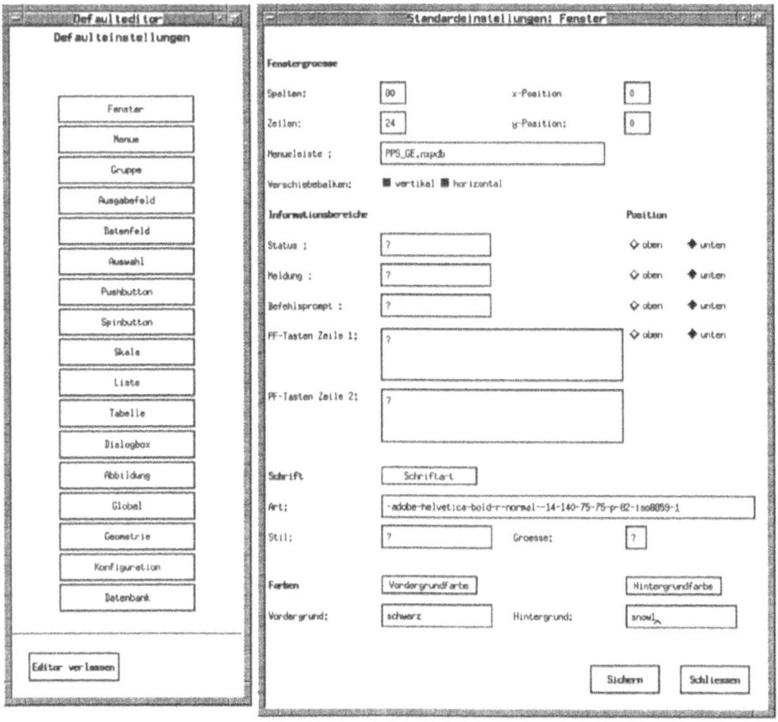

Abbildung 7.9: Definition der Standardwerte für die Gestaltung der Fenster

7.5 Bewertung der Vorgehensweise

7.5.1 Gegenüberstellung von konventioneller Benutzungsoberflächenerstellung und automatischer Generierung

Um den Nutzen der entwickelten Vorgehensweise zu zeigen, wird eine Gegenüberstellung zwischen der konventionellen Benutzungsoberflächenerstellung und der in dieser Arbeit realisierten automatischen Generierung durch eine Aufwandsabschätzung durchgeführt. Der heutige Stand der Technik bei der Erstellung von Benutzungsoberflächen ist die Verwendung von User Interface Management Systemen (UIMS). Sie verfügen über einen interaktiven Editor zur Definition und Positionierung der Interaktionsobjekte. Tabelle 7.6 zeigt die Aktionen, die bei der Erstellung von Benutzungsoberflächen mit dem Editor eines UIMS und bei der automatischen

Generierung durchzuführen sind. Bei dem UIMS wird davon ausgegangen, daß wiederverwendbare Bausteine definiert werden können, so daß beispielsweise eine Menüleiste nur einmal und nicht für jedes Fenster immer wieder neu spezifiziert werden muß. Ebenso wird davon ausgegangen, daß die Vererbung von Eigenschaften wie Farben und Schriftarten möglich ist.

	Erstellung von Benutzungsoberflächen	
Aktionen	**konventionell mit UIMS-Editor**	**durch automatische Generierung**
Information pro Fenster festlegen	freie Definition von Datenfeldern ohne Zugriff auf vorhandene Datendefinitionen; kein Hinweis auf die Beziehungen zwischen den Daten	Sichtendefinition anhand des Datenmodells
Definition der Interaktionsobjekte	explizite Auswahl eines geeigneten Interaktionsobjekts	automatische Auswahl der Interaktionsobjekte
	Definition von Datenfeldern: mindestens Angabe von Identifikation, Länge und Format pro Datenfeld	Übernahme der Datendefinitionen aus einem Data Dictionary; nur Definition von sichtspezifischen Werten wie Priorität, Häufigkeit
	Definition der Feldbezeichner: mindestens Angabe von Identifikation und Bezeichnung	automatische Erstellung aus der Datenfeldbeschreibung
	Definition von Überschriften: Angabe der Bezeichnung	automatische Erstellung aus der Gruppenbeschriftung
Menüs	Definition der Menüleiste	Definition der Menüleiste
	Definition der Menüeinträge pro Menü	Definition der Menüeinträge pro Menü für die Standardmenüleiste; Generierung der spezifischen Menüs aus den Funktionen
Operationsauswahl	Definition von Operationsauswahl: Angabe von Identifikation und Bezeichner	automatische Erstellung aus den Funktionen
Layout	Positionierung der Datenfelder	automatische Layoutgenerierung
	Positionierung der Feldbezeichner	automatische Layoutgenerierung
	Positionierung der Überschriften	automatische Layoutgenerierung
	Positionierung der Operationsauswahlen	automatische Layoutgenerierung
	Definition von Vorder- und Hintergrundfarbe für die Interaktionsobjekte (Vererbung)	Definition der Vorder- und Hintergrundfarbe durch Standardwerte
	Definition von Schriftarten für die Interaktionsobjekte (Vererbung)	Definition von Schriftarten durch Standardwerte

Tabelle 7.6: Gegenüberstellung von Aktionen bei der Erstellung von Benutzungsoberflächen mit einem UIMS-Editor und bei der automatischen Generierung mit GENIUS

7.5.2 Auswertung der Gegenüberstellung und Aufwandsabschätzung

Zum Vergleich der beiden Vorgehensweisen wird eine Aufwandsabschätzung durchgeführt. Als Grundlage dafür wird die Zahl der auszuführenden Aktionen gewählt. Dabei wird zur Vereinfachung von der Annahme ausgegangen, daß alle Aktionen mit demselben Zeitbedarf ausgeführt werden. Es wird weiterhin angenommen, daß die Festlegung des Informationsinhalts bei beiden Vorgehensweisen vom Aufwand her vergleichbar ist, obwohl der Entwickler bei der

Sichtendefinition durch das explizit einbezogenen Datenmodell unterstützt wird. Bei der Aufwandsabschätzung sollen nur die Datenfelder betrachtet werden. Es wird davon ausgegangen, daß eine Anwendung n Datenfelder hat. Unberücksichtigt bleibt somit der Aufwand zur Definition der Fenster, der Menüleisten und der Funktionen, die jedoch alle mit dem UIMS-Editor aufwendiger sind. Die Fenster werden bei GENIUS auf Basis der interaktiv definierten Sichten generiert. Die Menüleiste mit ihren Menüeinträgen wird aus den angegebenen Funktionen abgeleitet. Für die Standardfunktionen der Anwendung kann eine Standardmenüleiste definiert werden, so daß die darin spezifizierten Funktionen nicht bei jeder Sicht anzugeben sind.

Bei der konventionellen Vorgehensweise mit dem UIMS-Editor sind pro Datenfeld mindestens 4 Aktionen durchzuführen: Definition des Datenfelds, Definition des Feldbezeichners, Positionierung des Datenfelds und Positionierung des Feldbezeichners. Hinzu kommen weitere Aktionen, wenn Darstellungseigenschaften des Datenfelds zu spezifizieren sind. Bei der automatischen Generierung ist nur eine Aktion durchzuführen, die Definition des Datenfelds, wobei hier Großteile bereits aus dem Data Dictionary übernommen werden können.

Bei der Betrachtung der Hauptdatenbereiche von PPS-Systemen konnte Loeffelholz /67/ zeigen, daß ein PPS-System 178 relevante Datenfelder hat. Diese Felder kommen in den in verschiedenen Fenstern vor, so daß deren Anzahl in die Aufwandsbetrachtung miteinbezogen werden muß. Ein PPS-System hat zwischen 250 und über 1000 (SAP R3) verschiedene Fenster. Tabelle 7.7 faßt die sich daraus ergebende Aufwandsabschätzung zusammen.

Aufwandsabschätzung (Aktionen)		
	UIMS-Editor	**automatische Generierung**
pro Datenfeld n=1	4	1
relevante Datenfelder: n = 178	712	178
bei 250 Fenstern und durchschnittlich 20 Datenfeldern pro Fenster: n = 20x250 = 5000	20000	5000
bei 1000 Fenstern und durchschnittlich 20 Datenfeldern pro Fenster: n = 20x1000 = 20000	80000	20000

Tabelle 7.7: Aufwandsabschätzung anhand der Aktionen bei der Erstellung von Benutzungsoberflächen mit einem UIMS-Editor und bei der automatischen Generierung – nur bezogen auf die Datenfelder. n = Anzahl der Datenfelder.

Die Aufwandsabschätzung hat gezeigt, daß mit der automatischen Generierung mindestens eine Produktivitätssteigerung um den Faktor 4 zu erreichen ist. Hinzu kommen die qualitativen Vorteile, die bei der konventionellen Erstellung von Benutzungsoberflächen mit UIMS-Editor nicht gegeben sind:

- Konsistenz der verwendeten Daten im Datenmodell und bei der Benutzungsoberfläche,
- konsistente Verwendung von Interaktionsobjekten aufgrund der Zuordnung durch Regeln,
- einheitlicher Dialogablauf durch die Generierung von Dialogabläufen,
- Umsetzung von software-ergonomischen Gestaltungsregeln unabhängig vom Know-how des einzelnen Entwicklers.

8 Zusammenfassung und Ausblick

Die software-ergonomische Gestaltung von Informationssystemen gewinnt immer mehr an Bedeutung, da sie auf der einen Seite einen entscheidenden Wettbewerbsfaktor zur Vermarktung eines Softwareprodukts darstellt und auf der anderen Seite beim täglichen Einsatz die Effizienz der Arbeitsabläufe bestimmt. Insbesondere bei der Migration von alphanumerischen zu graphischen Benutzungsoberflächen, die bei vielen Softwareprodukten gerade durchgeführt wird, besteht hier ein enormes Verbesserungspotential.

8.1 Zusammenfassung

Das in der vorliegenden Arbeit entwickelte Verfahren zur Generierung von Benutzungsoberflächen aus Datenmodellen unterstützt die Erstellung von aufgabenangemessenen und benutzergerecht gestalteten Benutzungsoberflächen. Dies wird durch die integrierte Entwicklung von Anwendungsfunktionalität und Benutzungsoberfläche, sowie die Anwendung von software-ergonomischen Richtlinien in Form von Regeln erreicht.

Im Gegensatz zu anderen Entwicklungswerkzeugen für graphische Oberflächen, garantiert der, basierend auf Datenmodellen, entwickelte Formalismus zur Definition von Benutzungsoberflächen die Konsistenz mit den mittels Software-Engineering-Methoden erzielten Analyseergebnissen. Durch die Verwendung eines gemeinsamen konzeptionellen Datenmodells, das die Anwendungssemantik sowohl für die Codierung der Funktionalität als auch für die Benutzungsoberfläche abbildet, wird die lange geforderte Integration von Anwendungsentwicklung und Benutzungsoberflächendesign erreicht. Darüber hinaus wird der Entwicklungsaufwand durch Vermeidung von mehrfacher Spezifikation derselben Designinformation reduziert.

Obwohl software-ergonomische Normen, Standards und Gestaltungsrichtlinien vorhanden sind, gibt es noch erhebliche Defizite bei deren Umsetzung. Dies wird in der vorliegenden Arbeit durch die Definition von rechnergestützt anwendbaren Regeln, die auf Grundlage einer Untersuchung der vorhandenen Gestaltungsrichtlinien und Interaktionsobjekte aufgestellt wurden, behoben. Die so erreichte Umsetzung der Gestaltungsrichtlinien und deren direkte Anwendung durch die automatische Generierung gewährleistet die konsistente und software-ergonomische Gestaltung der Benutzungsoberflächen.

Die praktische Anwendung des entwickelten Verfahrens wird durch die realisierte Werkzeugumgebung GENIUS (GENerator for User Interfaces Using Software Ergonomic Rules) ermöglicht. Sie erlaubt ausgehend vom Datenmodell in Form eines Entity-Relationship-Diagramms die graphische Definition des konzeptionellen Modells der Benutzungsoberfläche. Die darauf aufbauende automatische Generierung von GENIUS liefert sowohl die statische Informationsgestaltung als auch Dialogabläufe. Die erzeugte werkzeugunabhängige Beschreibung wird auf die ereignisorientierte Sprache eines User Interface Management Systems zur Darstellung und Ausführung der generierten Benutzungsoberfläche abgebildet.

Die so generierten Benutzungsoberflächen dienen zu Beginn der Entwicklung als Prototypen zur Darstellung der Spezifikation und ermöglichen damit die aktive Beteiligung der Anwender an der gesamten Systementwicklung. Nach Abschluß der Spezifikation bilden diese Prototypen die Grundlage für die endgültige Benutzungsoberfläche.

Der Modellierungsformalismus und die automatische Generierung sowie die implementierte Werkzeugumgebung wurden bei der Erstellung von graphischen Benutzungsoberflächen für betriebliche Informationssysteme erprobt. Dabei hat sich gezeigt, daß zum einen die Entwicklung der graphischen Oberfläche durch die automatische Generierung wesentlich beschleunigt werden konnte, und zum anderen die konsistente Verwendung der Interaktionsobjekte sowie die Erstellung einheitlicher Dialogabläufe gewährleistet wurde. Damit trägt diese Arbeit, im Gegensatz zu bisher bekannten Methoden und Werkzeugen, entscheidend zur integrierten Entwicklung von Anwendungsfunktionalität und Benutzungsoberfläche sowie der praktischen Umsetzung von software-ergonomischem Gestaltungswissen und der schnellen Erstellung von Prototypen zur Einbeziehung der Benutzer in die Entwicklung bei.

8.2 Erweiterungen und Ausblick

Das in dieser Arbeit entwickelte Verfahren und die dazu realisierte Werkzeugumgebung eignet sich besonders zur Erstellung von graphischen Benutzungsoberflächen für datenbankorientierte Anwendungen, die den Großteil der kommerziellen Informationssysteme ausmachen. Nicht unterstützt wird die Entwicklung von Graphiksystemen wie CAD-Anwendungen und Graphikeditoren, da dort eine Vielzahl von anwendungsspezifischen graphischen Darstellungen verwendet wird. Diese benötigen andere Interaktionsobjekte als die, die in den momentan vorhandenen Werkzeugen zur Verfügung stehen und in den Richtliniensammlungen beschrieben werden. Das hier entwickelte Verfahren kann um anwendungsspezifische Interaktionsobjekte erweitert werden, indem abstrakte Interaktionsobjekte und die dafür notwendigen Abbildungs- und Layoutregeln definiert werden. Im Produktionsbereich kann die Plantafel ein solches Interaktionsobjekt sein, das dann als Element angeboten wird und nicht mehr aus einzelnen Graphikelementen programmiert werden muß. Es können so einfach und schnell Benutzungsoberflächen mit anwendungsspezifischen Interaktionsobjekten generiert werden.

Die heute zur Verfügung stehenden hardwaretechnischen Möglichkeiten haben dazu geführt, daß jetzt auch vermehrt unterschiedliche Medien zur Gestaltung von Benutzungsoberflächen eingesetzt werden. Ihr Einsatz beschränkt sich derzeit noch auf bestimmte Anwendungsgebiete wie Schulung, Training, Service oder Pressedienste, wird sich aber in absehbarer Zeit auch auf Informationssysteme ausdehnen. Die dabei verwendeten multimedialen Benutzungsoberflächen stellen erhöhte Anforderungen an die Gestaltung. Deswegen ist nicht nur auf die software-ergonomische Verwendung der einzelnen multimedialen Komponenten zu achten, sondern auch auf deren Kombination. Die in dieser Arbeit beschriebenen Konzepte können dann auch auf die Generierung multimedialer Benutzungsoberflächen übertragen werden.

9 Bibliographie

/1/ Albrecht, R. (1992): Fertigungsleitsysteme als Kristallisationskeim für zukünftige Entwicklungen. In: FLS 92 (Fertigungsleitsysteme) Forum veranstaltet vom CIM TT Berlin, 12.-13.11.1992, Forumsunterlagen

/2/ ANSI/X3/SPARC Study Group on Data Base Management Systems (1975): Interim Report 75-02-08. FDT (Bulletin of ACM-SIGMOD) 7, No. 2, 1975

/3/ Apple Computer Inc. (1987): Human Interface Guidelines: The Apple Desktop Interface. Reading, Massachusetts: Addison-Wesley

/4/ Aschersleben, G.; Zang-Scheucher, B. (1989): Der Prozeß der Software-Gestaltung - Eine Bestandsaufnahme in Wissenschaft und Industrie -. In: Maaß, S.; Oberquelle, H. (Hrsg.): Software-Ergonomie '89. Stuttgart: Teubner

/5/ Balzert, H. (1993): Der Janus-Dialogexperte: Vom Fachkonzept zur Dialogstruktur. Softwaretechnik-Trends, Band 13, Heft 3, August 1993, 62-72

/6/ Bass, L.; Coutaz, J. (1991): Developing Software for the User Interface. Reading, Massachusetts: Addison-Wesley

/7/ Beck, A.; Janssen, C. (1993): Vorgehen und Methoden für aufgaben- und benutzerangemessene Gestaltung von graphischen Benutzungsschnittstellen. In: Coy, W.; Gorny, P.; Kopp, I.; Skarpelis, C. (Hrsg.): Menschengerechte Software als Wettbewerbsfaktor. Stuttgart: Teubner, 200-221

/8/ Beshers, C.; Feiner, S. (1989): Scope: Automated Generation of Graphical Interfaces. In: Proceedings of the ACM SIGGRAPH on User Interfaces Software and Technology, UIST '89, November 1989. New York: ACM Press, 76-81

/9/ Bittner, U.; Hesse, W.; Schnath, J. (1992): Untersuchungen zum Methodeneinsatz in Software-Entwicklungsprojekten. Softwaretechnik-Trends, Band 12, Heft 3, August 1992, 48-60

/10/ Boehm, Barry W. (1976): Software Engineering. IEEE Transactions on Computers, Vol. 25, No. 12, December 1976, 1226-1241

/11/ Boehm, B. W. (1988): A Spiral Model of Software Development and Enhancement. IEEE Computer, May 1988, 61-72

/12/ Böhnlein, P. G.; Nittel, S.; Dittrich, K. R. (1990): Semantische Datenmodelle. In: HMD Theorie und Praxis der Wirtschaftsinformatik, Heft 152: Datenmodellierung, März 1990. Wiesbaden: Forkel-Verlag, 116-127

/13/ Booth, P. A. (1992): An Introduction to Human-Computer Interaction. Hove, London, Hillsdale: Lawrence Erlbaum Associates

/14/ Bravoco, R. R.; Yadav, S. B. (1985): Requirements definition architecture - an overview. Computers in Industry, 6, 237-345

/15/ Bravoco, R. R.; Yadav, S. B. (1985): A methodology to model the functional structures of an organization. Computers in Industry, 6, 345-361

/16/ Brodie, M. L.; Ridjanovic, D. (1984): On the Design and Specification of Database Transactions. In: Brodie, M. L.; Mylopoulos, J.; Schmidt, J. W. (Eds.): On Conceptual Modelling - Perspectives from Artificial Intelligence, Databases, and Programming Languages. New York: Springer, 277-306

/17/ Brodie, M. L. (1984): On the Development of Data Models. In: Brodie, M. L.; Mylopoulos, J.; Schmidt, J. W. (Eds.): On Conceptual Modelling - Perspectives from Artificial Intelligence, Databases, and Programming Languages. New York: Springer, 19-47

/18/ Bröhl, A.-P.; Dröschel, W. (Hrsg.) (1993): Das V-Modell. München, Wien: R. Oldenbourg Verlag

/19/ Brown, C. M. (1988): Human-Computer Interface Design Guidelines. Norwood, New Jersey: Ablex Publishing Corporation

/20/ Bruns, J. J.; Warren, D. L.; Rudisill, M. (1986): Formatting Space-related Displays to Optimize Expert and Nonexpert User Perfomance. In: Proceedings of Human Factors in Computing Systems, CHI '86, April 1986. New York: ACM, 276-280

/21/ Budde, R.; Kautz, K.; Kuhlenkamp, K.; Züllinghoven, H. (1992): Prototyping - An Approach to Evolutionary System Development. Berlin: Springer

/22/ Bullinger, H.-J.; Fähnrich, K.-P.; Janssen, C. (1993): Graphische Benutzungsoberflächen: Kriterienkatalog und Marktübersicht '93. In: Bullinger, H.-J. (Hrsg.): Graphische Benutzungsschnittstellen auf dem Prüfstand. IAO-Forum 30.09.1993. Stuttgart: Fraunhofer-Institut für Arbeitswirtschaft und Organisation

/23/ Bullinger, H.-J.; Fähnrich, K.-P.; Thines, M. (1992): Werkstattorientierte Produktionsunterstützung. Fortschrittliche Betriebsführung und Industrial Engineering (FB/IE), Nr. 4, 1992, 167-171

/24/ Bullinger, H.-J.; Fähnrich, K.-P.; Thines, M. (1993): Zukünftige Benutzungsschnittstellen an Werkstattsteuerungssystemen. Unterlagen zum Seminar Rechneranwendungen in der Produktionstechnik - Aktuelle Herausforderung. 18.12.1993, Stuttgart

/25/ Bullinger, H.-J.; Fähnrich, K.-P.; Ziegler, J. (1987): Software-Ergonomie: Stand und Entwicklungstendenzen. In: Schönpflug, W.; Wittstock, M. (Hrsg.): Software-Ergonomie '87. Stuttgart: Teubner, 17-30

/26/ Bullinger, H.-J.; Wasserloos, G. (1990): Reduzierung des Produktentwicklungszeiten durch Simultaneous Engineering. CIM Management, Heft Nr. 6, 1990, 4-12

/27/ Bullinger, H.-J. (1989): Stand und Perspektiven von integrierter Softwareentwicklung. In: Bullinger, H.-J. (Hrsg.): Software-Werkzeuge für interaktive Anwendungen. IAO-Forum 26.10.1989. Stuttgart: Fraunhofer-Institut für Arbeitswirtschaft und Organisation, 7-29

/28/ Bullinger, H.-J. (1990): Wettbewerbsvorteile durch Software-Ergonomie. In: Bullinger, H.-J. (Hrsg.): Software-Ergonomie in der Praxis. IAO-Forum 27.11.1990. Berlin, Heidelberg: Springer

/29/ Bullinger, H.-J. (1992): Neue Produktionsparadigmen als betriebliche Herausforderung. In: Bullinger, H.-J. (Hrsg.): Innovative Unternehmenstrukturen. Berlin, Heidelberg: Springer

/30/ Bullinger, H.-J. (1993): Werkstattorientierte Produktionsunterstützung. Editorial in wt, Februar 1993

/31/ Bünz, D. (1987): Die GRAI-Methode. CIM Management, Heft Nr. 4, 1987

/32/ Bünz, D. (1988): Die GRAI-Methode. CIM Management, Heft Nr. 2, 1988

/33/ Chen, J.; Geitner, U. W. (1993): PPS-Markübersicht 1993. Fortschrittliche Betriebsführung und Industrial Engineering (FB/IE), Nr. 2, 1993, 52-65

/34/ Chen, P. (1976): The Entity-Relationship Model - Towards a Unified View of Data. ACM Transactions on Database Systems, Vol. 1, No. 1, 1976, 9-36

/35/ Chroust, G. (1993): Beschreibungsformen für Vorgehensmodelle. Softwaretechnik-Trends, Band 13, Heft 1, Februar 1993, 6-7

/36/ Coad, P.; Yourdon, E. (1991): Object-Oriented Analysis. Second Edition. Englewood Cliffs, New Jersey: Prentice-Hall

/37/ Curtis, B.; Hefley, B. (1992): Defining a place for interface engineering. IEEE Software, March 1992

/38/ Date, C. J. (1985): An Introduction to Database Systems. Volume 2. Reading, Massachusetts: Addison-Wesley.

/39/ Date, C. J. (1986): An Introduction to Database Systems. Volume 1. Reading, Massachusetts: Addison-Wesley

/40/ De Baar, D.J.M.J., Foley, J., Mullet, K.E. (1992): Coupling Application Design and User Interface Design. In: Proceedings of Human Factors in Computing Systems, CHI '92, May 1992. New York: ACM, 259-266.

/41/ DeMarco, T. (1979): Structured Analysis and System Specification. Englewood Cliffs, New Jersey: Prentice-Hall

/42/ DIN Deutsches Institut für Normung e.V. (1989): DIN-Fachbericht 21: Schnittstellen der rechnerintegrierten Produktion (CIM) - Fertigungssteuerung und Auftragsabwicklung. Köln, Berlin: Beuth Verlag

/43/ DIN Deutsches Institut für Normung e.V. (Hrsg.) (1987): DIN-Fachbericht 15: Normierung von Schnittstellen für die rechnerintegrierte Produktion (CIM) - Standortbestimmung und Handlungsbedarf. Köln, Berlin: Beuth Verlag

/44/ DIN-Norm 66234 (1988): Teil 1-9, Bildschirmarbeitsplätze, Normenausschuß Informationsverarbeitungssysteme im DIN (Deutsches Institut für Normung e.V.) Berlin: Beuth Verlag

/45/ DIN-Norm 66290 (1986): Gestaltung von maskenorientierten Dialogsystemen. Normenausschuß Informationsverarbeitungssysteme im DIN (Deutsches Institut für Normung e.V.) Berlin: Beuth Verlag

/46/ Dzida, W.; Herda, S.; Itzfeld, W. D. (1978): User-perceived Quality of Interactive Systems. IEEE Transactions on Software Engineering, Vol. SE-4, No. 4, 7/78

/47/ Eason, K. D. (1984): Towards the experimental study of usability. Behaviour and Information Technology, 3, 133-143

/48/ Eberleh, E.; Arend, U.; Kasten, C.; Strothotte, T.; Ziegler, J. (1991): Integration software-ergonomischer Forschungsergebnisse in die betriebliche Software-Entwicklung. Diskussionsunterlagen. In: Ackermann, D.; Ulich, E. (Hrsg.): Software-Ergonomie '91. Stuttgart: Teubner, 141-151

/49/ EG-Richtlinie (1990): Richtlinie des Rates vom 29. Mai 1990 über die Mindestvorschriften bezüglich der Sicherheit und des Gesundheitsschutzes bei der Arbeit an Bildschirmgeräten; Fünfte Einzelrichtlinie im Sinne von Artikel 16 Absatz 1 der Richtlinie 89/391/EWG; 90/270/EWG. Amstblatt der Europäischen Gemeinschaft vom 21.06.1990

/50/ Eversheim, W.; Böhmer, D. (1992): Stand und Entwicklungen bei den integrierten PPS-Systemen. Computerwoche Nr. 41, 09.10.1992, 54

/51/ Eversheim, W.; Krumm, S.; Heuser, T. (1994): Ablauf- und Kostentransparenz. CIM Management Nr. 1, 1994, 57-59

/52/ Fähnrich, K.-P.; Görner, C.; Ilg, R. (1993): Styleguides zur Systementwicklung. Reicht das aus? Technische Rundschau, Heft 36, 1993, 76-78

/53/ Fähnrich, K.-P.; Janssen, C. (1992): Bewertungskriterien für User Interface Management Systeme. In: Goerke, W. et al. (Hrsg.): Information als Produktionsfaktor. 22. GI Jahrestagung. Berlin, Heidelberg: Springer, 694-698

/54/ Fairley, R. (1985): Software Engineering Concepts. New York: McGraw-Hill

/55/ Finkelstein, Clive (1990): An Introduction to Information Engineering. Reading, Massachusetts: Addison-Wesley

/56/ Fisher, Alan (1988): CASE: Using Software Development Tools. New York: John Wiley & Sons

/57/ Floyd, C. (1984): A Systematic Look at Prototyping. In: Budde, R.; Kulenkamp, K.; Mathiassen, L.; Züllighoven, H. (Eds.): Approaches to Prototyping. Heidelberg: Springer

/58/ Foley; J. D. (1991): User Interface Software Tools. In: Encarnacao, J. (Hrsg.): Telekommunikation und multimediale Anwendungen der Informatik. GI-21. Jahrestagung, Darmstadt, 14.-18. Oktober 1991. Berlin, Heidelberg: Springer

/59/ Foley, J. D.; Kim, W. C.; Kovacevic, S.; Murray, K. (1991): UIDE - An intelligent User Interface Design Environment. In: Sullivan, J. W.; Tyler, S. W. (Eds.): Intelligent User Interfaces. Reading, Massachusetts: Addison Wesley, 339-384

/60/ Foley, J. D.; Kim, W. C. (1990): DON: User Interface Presentation Design Assistant. In: Proceedings of the ACM SIGGRAPH on User Interfaces Software and Technology, UIST '90, October 1990. New York: ACM, 10-20

/61/ Galitz, W. O. (1989): Handbook of Screen Format Design. Wellesley Hills, Massachusetts: QED Information Science Inc.

/62/ Gane, C.; Sarson, T. (1979): Structured Systems Analysis: Tools and Techniques. Englewood Cliffs, New Jersey: Prentice-Hall

/63/ Gould, J. D.; Boies, S. J.; Lewis, C. (1991): Making usable, useful, Productivity - Enhancing Computer Applications. Communications of the ACM, January 1991, Vol. 34, No. 1, 74-85

/64/ Gould, J. D.; Lewis, C. (1985): Designing for Usability: Key Principles and What Designers Think. Communications of the ACM, March 1985, Vol. 28, No. 3, 300-311

/65/ Gould, J. D. (1988): How to Design Usable Systems. In: Helander, Martin (Ed.): Handbook of Human-Computer Interaction. Amsterdam: North-Holland, 757-789

/66/ Greutmann, T. (1993): Datenmodellierung und aufgabengerechte Dialoge: ein Synchronisationsproblem. In: Rödiger, K.-H. (Hrsg.): Software-Ergonomie '93. Stuttgart: Teubner, 99-109

/67/ Hackstein, R.; Loeffelholz, F. Freiherr von (1992): Mehr Daten - Mehr Information - Höhere Datenqualität? In: HMD Theorie und Praxis der Wirtschaftsinformatik, Heft 163: Qualität in der Informationsverarbeitung, Januar 1992. Wiesbaden: Forkel-Verlag, 80-94

/68/ Hackstein, R. (1991): Vorwort des Herausgebers. In: Hornung, Volker: Aufgabenangemessenes Design flexibler Systeme. Berlin: Springer

/69/ Hammer, M.; McLeod, D. (1981): Database Description with SDM: A semantic database model. ACM Transactions on Database Systems, 6(3), September 1981, 351-386

/70/ Hartson, R. H.; Hix, D. (1989): Toward empirically derived methodologies and tools for human-computer interface development. International Journal of Man-Machine Studies, 477-494

/71/ Hartson, R. H.; Boehm-Davis, D. (1993): User interface development processes and methodologies. Behaviour & Technology, Vol. 12, No. 2, 1993, 98-114

/72/ Hatley, D.; Pirbhai, I. (1988): Strategies for Real-Time Systems Specification. New York: Dorset House

/73/ Hayes, P. J.; Szekely, P. A.; Lerner, R. A. (1985): Design Alternatives for User Interface Management Systems Based on Experience with COUSIN. In: Proceedings of Human Factors in Computing Systems, CHI '85, April 1985. New York: ACM, 169-175

/74/ Hayes, P. J. (1985): Executable Interface Definitions Using Form-Based Interface Abstractions. In: Hartson, H. R.: Advances in Human-Computer Interaction, Vol. 1, Norwood: Ablex Publishing, 161-190

/75/ Hayessen, E. (1993): Regelungsbereiche von Vorgehensmodellen für die professionelle Software-Entwicklung. Softwaretechnik-Trends, Band 13, Heft 1, Februar 1993, 8-9

/76/ Herczeg, M. (1994): Software-Ergonomie. Reading, Massachusetts: Addison-Wesley

/77/ Hix, D.; Hartson, H. R. (1993): Developing User Interfaces: Ensuring Usability Through Product and Process. New York: John Wiley & Sons

/78/ Hudson, S. E.; King, R. (1986): A Generator of Direct Manipulation Office Systems. ACM Transactions on Office Information Systems 4 (2) April 1986, 132-163.

/79/ Hudson, S. E. (1989): Graphical Specification of Flexible User Interface Displays. In: Proceedings of the ACM SIGGRAPH Symposium on User Interface Software and Technology, UIST '89, November 1989. New York: ACM, 105-114

/80/ Hull, R.; King, R. (1987): Semantic Database Modelling: Survey, Application, and Research Issues. ACM Computing Survey 19, 3, September 1987, 201-260

/81/ IBM (1989): Systems Application Architecture Common User Access Basic Interface Design Guide. International Business Machines Corporation, SC26-4583

/82/ IBM (1991a): Systems Application Architecture Common User Access Guide to User Interface Design. International Business Machines Corporation, SC34-4289

/83/ IBM (1991b): Systems Application Architectur Common User Access, Advanced Interface Design Reference. International Business Machines Corporation, SC34-4290

/84/ IEEE Standard Glossary of Software Engineering Terminology. IEEE Std. 729-1983. New York: The Institute of Electrical and Electronics Engineers, Inc.

/85/ Ilg, R. (1993): Styleguides. In: Ziegler, J.; Ilg, R. (Hrsg.): Benutzergerechte Software-Gestaltung. München, Wien: R. Oldenbourg Verlag, 25-38

/86/ ISO (1993): ISO/WD 9241 Ergonomic requirements for office work with visual display terminals (VDTs), Draft

/87/ Jacobson, I.; Christerson, M.; Jonsson, P.; Övergaard, G. (1992): Object-Oriented Software Engineering. Readings, Massachusetts: Addison-Wesley

/88/ Janssen, C. (1993): Dialognetze zur Beschreibung von Dialogabläufen in graphisch-interaktiven Systemen. In: Rödiger, K.-H. (Hrsg.): Software-Ergonomie '93. Stuttgart: Teubner, 67-76

/89/ Johnson, J. (1992): Selectors: Going Beyond User-Interface Widgets. In: Proceedings of Human Factors in Computing Systems, CHI '92, May 1992. New York: ACM, 273-279

/90/ Jorysz, H.R.; Vernadat, F.B. (1990a): CIM-OSA Part 1: total enterprise modelling and function view. In: International Journal of Computer Integrated Manufacturing, 1990, Vol. 3, No. 3/4, 144-156

/91/ Jorysz, H.R.; Vernadat, F.B. (1990b): CIM-OSA Part 2: information view. In: International Journal of Computer Integrated Manufacturing, 1990, Vol. 3, No. 3/4, 157-167

/92/ Karat. J. (1990): Cost-benefit Analysis of iterative Usability testing. In: Diaper, D.; Gilmore, D.; Cockton, G.; Shackel, B. (Eds.): Proceedings of the IFIP TC 13 Conference on Human-Computer Interaction, Interact '90, August 1990. Amsterdam: North-Holland (Elsevier Science Publishers B.V.), 351-356

/93/ Kernler, H. (1993): PPS der 3. Generation. Heidelberg: Hüthig Buch Verlag

/94/ Kieback, A.; Lichter, H.; Schneider-Hufschmidt, M.; Züllinghoven, H. (1992): Prototyping in industriellen Software-Projekten. Informatik Spektrum, Band 15, Nr. 2, April 1992, 65-77

/95/ Kim, W. C. (1993): Knowledge-Based Framework for An Automated User Interface Presentation Design Tool. Dissertation, Department of Electronical Engineering and Computer Science, George Washington University, Washington D.C.

/96/ King, R.; Novak, M. (1993): Designing Database Interfaces with DBface. ACM Transactions on Information Systems, Vol. 11, No. 2, April 1993, 105-132

/97/ Klittich, M. (1990): CIM-OSA Part 3: CIM-OSA integrating infrastructure - the operational basis for integrated manufacturing systems. International Journal of Computer Integrated Manufacturing, 1990, Vol. 3, No. 3/4, 168-180

/98/ Krahl, K. (1991): Die zentrale Werkstattsteuerung mit klassischem oder Bildschirm-Leitstand unter Berücksichtigung der Verbindung EDV und Leitstand sowie BDE. Techno Congress VI. Fachtagung Leitstandsorganisation für die Fertigungssteuerung, November 1991, Sindelfingen

/99/ Kurbel, K. (1993): Produktionsplanung und -steuerung. München, Wien: R. Oldenbourg Verlag

/100/ Larson, J. A. (1992): Interactive Software: Tools for Building Interactive User Interfaces. Englewood Cliffs, New Jersey: Prentice-Hall

/101/ Lauesen, S.; Harning, M. (1993): Dialogue Design Through Modified Dataflow and Data Modelling. In: Proceedings of the 5th International Conference on Human-Computer Interaction, HCI International '93, 220-225

/102/ Laurel, B. (Ed.) (1990): The Art of Human-Computer Interface Design. Reading, Massachusetts: Addison-Wesley

/103/ Linton, M. A.; Vlissides, J. M.; Calder, P. R. (1989): Composing User Interfaces with InterViews. IEEE Computer, Februar 1989

/104/ Luger, G. F.; Stubblefield, W. A. (1989): Artificial Intelligence and the Design of Expert Systems. Redwood City, California: The Benjamin/Cummings Publishing Company

/105/ Mantey, M. M.; Teorey, T. J. (1988): Cost/benefit analysis for incorporating human factors in the software lifecycle. Communications of the ACM, 31, 428-439

/106/ Märtin, C. (1990): A UIMS for Knowledge Based Interface Template Generation and Interaction. In: Diaper, D.; Gilmore, D.; Cockton, G.; Shackel, B. (Eds.): Proceedings of the IFIP TC 13 Conference on Human-Computer Interaction, Interact '90, August 1990. Amsterdam: North-Holland (Elsevier Science Publishers B.V.), 651-657

/107/ Martin, J.; McClure, C. (1988): Structured Techniques: The Basis for CASE. Englewood Cliffs, New Jersey: Prentice-Hall

/108/ Martin, J. (1990): Information Engineering, Book II Planning and Analysis. Englewood Cliffs, New Jersey: Prentice-Hall

/109/ Maßberg, W.; Habich, M. (1989): Dezentrale Planungs- und Steuerungsstrukturen als Konsequenz steigender Flexibilitätsanforderungen. In: Hackstein, R. (Hrsg.): Organisation und Personalführung beim Einsatz Neuer Technologien. Köln 1989, 143-173

/110/ Mayhew, D. J. (1992): Principles and Guidelines in Software User Interface Design. Englewood Cliffs, New Jersey: Prentice Hall

/111/ McClure, C. (1989): CASE is Software Automation. Englewood Cliffs, New Jersey: Prentice Hall

/112/ McMenamin, S. M.; Palmer, J. F. (1988): Strukturierte Systemanalyse. München, Wien: Carl Hanser Verlag

/113/ Mertins, K.; Plattfaut, E. (1986): Informationsmanagement als strategische Waffe. Information Management 2/86

/114/ Mertins, K.; Albrecht, R.; Steinberger,V. (1992): Werkstattsteuerung - Werkstattmanagement. München: Carl Hanser Verlag

/115/ Mertins, K.; Süssenguth, W.; Jochem, R. (1991): Integrated Information Modelling for CIM: An Object-Oriented Method for Integrated Enterprise Modelling. In: Doumeingts, G.; Browne, J.; Tomljanovich, M. (Eds.): Computer Applications in Production and Engineering: Integrated Aspects. Proceedings of the Fourth International IFIP TC5 Conference on Computer Applications in Production and Engineering: Integrated Aspects, CAPE '91, September 1991. Amsterdam: North-Holland (Elsevier Science Publishers B.V.)

/116/ Meyer, B. (1990): Objektorientierte Software-Entwicklung. München, Wien: Carl Hanser Verlag

/117/ Microsoft Corporation (1992): The Windows Interface, an Application Design Guide. Redmond, Washington: Microsoft Press

/118/ Miller, J. R.; Sullivan, J. W.; Tyler, S. W. (1991): Introduction. In: Sullivan, Joseph W.; Tyler, Sherman W. (Eds.): Intelligent User Interfaces. Reading, Massachusetts: Addison-Wesley, 1-10

/119/ Molich, R.; Nielsen, J. (1990): Improving a Human-Computer Dialog. Communications of the ACM, Volume 33, Number 3, March 1990

/120/ Moran, T. P (1981): The command language grammar: a representation for the user interface of interactive computer systems. International Journal of Man-Machine Systems, 15, 1981, 3-50

/121/ Mosig-Baumeister, G. (1993) (Hrsg.): Aktuelle EDV-Musterpflichtenhefte für alle technischen Unternehmensbereiche. Augsburg: WEKA Fachverlage GmbH

/122/ Myers, B.; vander Zanden, B. (1990): Automatic, Look-and-Feel Independent Dialog Creation for Graphical User Interfaces. In: Proceedings of Human Factors in Computing Systems, CHI '90, April 1990. New York: ACM, 27-34.

/123/ Myers, B. A.; Rosson, M. B. (1992): Survey on User Interface Programming. In: Proceedings of Human Factors in Computing Systems, CHI '92, May 1992. New York: ACM, 195-202

/124/ Myers, B. A. (1987): Gaining Acceptance for UIMSs. In: ACM SIGGRAPH Workshop on Software Tools for User Interface Management. Computer Graphics 21 (2), 130-142

/125/ Myers, B. A. (1989): User-Interface Tools: Introduction and Survey. In: IEEE Software, January 1989, 15-23

/126/ Nedeß, C.; Friedewald, A.; Maack, R. (1993): PPS-Systeme im Spannungsfeld technischer und betriebsorganisatorischer Veränderungen. CIM Management, Heft Nr. 1, 1993, 4-10

/127/ Neuron Data (1991): Nexpert Object Version 2.0. User's Guide. Part Number Man-10-200-01. Palo Alto, California: Neuron Data

/128/ Neuron Data (1991): Nexpert Object Version 2.0. Database Integration Guide. Part Number Man-10-500-01. Palo Alto, California: Neuron Data

/129/ Neuron Data (1991): Nexpert Object Version 2.0. Reference Manual. Part Number Man-10-400-01. Palo Alto, California: Neuron Data

/130/ Neuron Data (1991): Nexpert Object Version 2.0. Functional Description. Part Number Man-10-300-01. Palo Alto, California: Neuron Data

/131/ Neuron Data (1991): Nexpert Object Version 2.0. Application Programming Interface Reference Manual. Part Number Man-10-700-01. Palo Alto, California: Neuron Data

/132/ Oetinger, R. (1989): Die Benutzerschnittstelle in einer CIM-Umgebung. Information Management, 1989, 3, 28-36

/133/ Olsen, D. R.; Foley, J. D.; Hudson, S. E.; Miller, J.; Myers, B. (1993): Research directions for user interface software tools. In: Behaviour & Technology, Vol. 12, No. 2, 1993, 81-97

/134/ Olsen, D. R. (1986): MIKE: The Menu Interaction Kontrol Environment. ACM Transactions on Graphics, Vol. 5, No. 4, October 1986, 318-344

/135/ Olsen, D. R. (1989): A Programming Language Basis for User Interface Management. In: Proceedings of Human Factors in Computing Systems, CHI '89, April 1989. New York: ACM, 171-176

/136/ Olsen, D. R. (1992): User Interface Management Systems: Models and Algorithms. San Mareo, California: Morgan Kaufmann Publishers

/137/ Open Software Foundation (OSF) (1992): OSF/Motif Style Guide, Revision 1.2. Englewood Cliffs, New Jersey: Prentice Hall

/138/ Oracle (1989): SQL*Plus User's Guide and Reference. Version 3.0. Part Number 5142-V3.0. Oracle Corporation

/139/ Oracle (1990): Programmer's Guide to the ORACLE Precompilers. Version 1.3. Part Number 5315-V1.3. Oracle Corporation

/140/ Oracle (1990): SQL Language Reference Manual. Version 6.0. Part Number 778-V6.0. Oracle Corporation.

/141/ Orr, K. (1989): The Warnier/Orr Approach. Byte 1989, 4, 221-224

/142/ Ortner, E., Rössner, J.; Söllner, B. (1990): Entwicklung und Verwaltung standardisierter Datenelemente. Informatik-Spektrum Band 13, Heft 1, Februar 1990, 17-30

/143/ Ott, H.-J. (1991): Software-Entwicklungssysteme. München, Wien: Carl Hanser Verlag

/144/ Parnas, D. L. (1972): On the Criteria to be Used in Decomposing Systems into Modules. Communications of the ACM, Vol. 5, No. 12, December 1972, 1053-1058

/145/ Peckham, J.; Maryanski, F. (1988): Semantic data models. ACM Computing Surveys 20, 3, September 1988, 153-189

/146/ Perlman, G. (1987): An Axiomatic Model of Information Presentation. Proceedings of the Human Factors Society, 31st Annual Meeting 1987, 1229-1233

/147/ Peters, L. (1988): Advanced Structured Analysis and Design. Englewood Cliffs, New Jersey: Prentice-Hall

/148/ Petoud, I., Pigneur, Y. (1990): An Automatic and Visual Approach for User Interface Design. In: Cockton, G. (Ed.). Proceedings of the IFIP TC 2/WG 2.7 Working Conference on Engineering for Human-Computer Interaction. Amsterdam: North-Holland

/149/ Pomberger, G.; Pree, W.; Stritzinger, A. (1992): Methoden und Werkzeuge für das Prototyping und ihre Integration. Informatik Forschung und Entwicklung, Nr. 7, 1992, 49-61

/150/ Puppe, F. (1990): Problemlösungsmethoden in Expertensystemen. Berlin, Heidelberg: Springer

/151/ Raasch, J. (1991): Systementwicklung mit Strukturierten Methoden. München, Wien: Carl Hanser Verlag

/152/ Raether, C. (1990): ISA-Dialogmanager - Ein Entwicklungswerkzeug zur Erstellung portabler, graphischer Benutzeroberflächen. In: Bullinger, H.-J. (Hrsg.): Software-Ergonomie in der Praxis, IAO-Forum. Berlin, Heidelberg: Springer, 43-56

/153/ Rauh, O. (1992): Überlegungen zur Behandlung ableitbarer Daten im Entity-Relationship-Modell (ERM). Wirtschaftsinformatik, 34. Jahrgang, Heft 3, Juni 1992, 294-306

/154/ Rich, E. (1983): Artifical Intelligence. Singapore, London: McGraw-Hill

/155/ Ridjanovic, D. (1992): From screen forms to RDM and from RDM to screen forms. Information and Software Technology, Vol. 34, No. 4, April 1992, 219-228

/156/ Roboam, M.; Zanettin, M.; Pun, L. (1989): GRAI-IDEF0-Merise. Computer Integrated Manufacturing Systems. Butterworth & Co. Ltd.

/157/ Rombach, H. D. (1993): Software-Qualität und -Qualitätssicherung. Informatik-Spektrum, Band 16, Heft 5, Oktober 1993, 267-272

/158/ Roos, E. (1992): Informationsmodellierung für PPS-Systeme. Berlin, Heidelberg: Springer

/159/ Ross, D. T.; Schoman, K. E. (1977): Structured Analysis for Requirements Definition. IEEE Transactions on Software Engineering, Vol. 3, No. 5, January 1977, 6-15

/160/ Rudd, J.; Isensee, S. (1991): Twenty-two Tips for a Happier, Healthier Prototype. Proceedings of the Human Factors Society 35th Annual Meeting, September 2-6, 1991,Vol. 1, 328-331

/161/ Rumbaugh, J.; Blaha, M.; Premerlani, W.; Eddy, F.; Lorensen, W. (1991): Object-Oriented Modeling and Design. Englewood Cliffs, New Jersey: Prentice-Hall

/162/ Russel, F. (1986): Identification of Human Factors Inputs to Design Cycles. HUFIT Report A1.2, ESPRIT Project No. 385, 1986

/163/ Scheer, A.-W.; Hoffmann, W.; Wein, R. (1993): HP OpenCAM - Offene Strukturen mit ARIS-Architektur. CIM Management, Heft Nr. 2, 1993, 52-55

/164/ Scheer, A.-W. (1988): Wirtschaftsinformatik. Berlin, Heidelberg: Springer

/165/ Scheer, A.-W. (1992): Architektur integrierter Informationssysteme. Berlin, Heidelberg: Springer

/166/ Schek, H. J.; Scholl, M. H. (1986): The Relational Model with Relational-Valued Attribues. Information Systems, Vol. 11, No. 2, 137-147

/167/ Schek, H. J. (1982): Datenbanksysteme I. Vorlesungsskript Datenbanksystem. Wintersemester 82/83. Technische Hochschule Darmstadt.

/168/ Schlageter, G.; Stucky, W. (1983): Datenbanksysteme: Konzepte und Modelle. Stuttgart: Teubner

/169/ Schönthaler, F.; Némth, T. (1990): Software-Entwicklungswerkzeuge: Methodische Grundlagen. Stuttgart: Teubner

/170/ Scholl, M. H.; Schek, H. J. (1990): Evolution von Datenmodellen. In: HMD Theorie und Praxis der Wirtschaftsinformatik: Datenmodellierung, Heft 152: Datenmodellierung, März 1990. Wiesbaden: Forkel-Verlag, 103-115

/171/ Shackel, B. (1986): Ergonomics in design for usability. In: Harrison, M. D.; Monk, A. F.: People & Computers: Designing for usability. Proceedings of the second conference of the BCS HCI specialist group. Cambridge: University Press

/172/ Shlaer, S.; Mellor, S. J. (1988): Object-Oriented Analysis: Modeling the World in Data. Englewood Cliffs, New Jersey: Prentice-Hall

/173/ Shlaer, S.; Mellor, S. J. (1991): Object Lifecycles: Modeling the World in States. Englewood Cliffs, New Jersey: Prentice-Hall

/174/ Sibert, J. L.; Hurley, W. D.; Bleser, T. W. (1986): An Object-Oriented User Interface Management System. Computer Graphics, Vol. 20, No. 4, 1986, 259-267

/175/ Sibert, J. L.; Hurley, W. D.; Bleser, T. W. (1988): Design and Implementation of an Object-Oriented User Interface Management System. In: Hartson, H. R.; Hix, D. (Eds.) (1988): Advances in Human-Computer Interaction, Volume 2. Norwood, New Jersey: Ablex Publishing Corporation

/176/ Singh, G.; Green, M. (1989): Chisel: A system for Creating Highly Interactive Screen Layouts. In: Proceedings of the ACM SIGGRAPH Symposium on User Interface Software and Technology, UIST '89, November 1989. New York: ACM, 86-94

/177/ Singh, G.; Green, M. (1991): Automating the Lexical and Syntactic Design of Graphical User Interfaces: The UofA* UIMS. In: ACM Transactions on Graphics, Vol. 10, No. 3, July 1991, 213-254

/178/ Sinz, E. J.(1988): Das Strukturierte Entity-Relationship-Modell (SER-Modell). Angewandte Informatik 5/88, 191-202

/179/ Sinz, E. J.(1990): Das Entity-Relationship-Modell (ERM) und seine Erweiterungen. HMD Theorie und Praxis der Wirtschaftsinformatik, Heft 152: Datenmodellierung, März 1990. Wiesbaden: Forkel-Verlag, 17-29

/180/ Smith S. L. (1988): Standards Versus Guidelines for Designing User Interface Software. In: Helander M. (Ed.): Handbook of Human-Computer Interaction. Amsterdam: North-Holland (Elsevier Science Publishers B.V.), 877-889

/181/ Smith, J. M.; Oman, P. (1990): Software Tools in context. IEEE Software Vol. 7, No. 3, May 1990, 14-19

/182/ Smith, J. M.; Smith, D. C. P. (1977): Database Abstractions: Aggregation and Generalization. ACM Transactions on Database Systems Vol. 2, No. 2, June 1977, 105-133

/183/ Smith, S. L.; Mosier, J. N. (1986): Guidelines for Designing User Interface Software. Mitre Corporation

/184/ SNI (1990): Styleguide, Richtlinien zur Gestaltung von Benutzeroberflächen, Benutzerhandbuch; Ausgabe Oktober 1990 V1.0. Siemens Nixdorf Informationssysteme AG, Bestell-Nr. U6542-J-Z97-1

/185/ SNI (1990): Styleguide-Checkliste, Fragenkatalog; Ausgabe Oktober 1990 V1.0. Siemens Nixdorf Informationssysteme AG, Bestell-Nr. U6615-J-Z97-1

/186/ SNI (1992): Alpha-Styleguide, Richtlinien zur Gestaltung von zeichenorientierten Benutzeroberflächen, Benutzerhandbuch; Ausgabe Februar 1992 (Alpha-Styleguide V1.0). Siemens Nixdorf Informationssysteme AG, Bestell-Nr. U8556-J-Z147-1

/187/ SNI (1992): Alpha-Styleguide-Checkliste V1.0, Fragenkatalog; Ausgabe Februar 1992 (Alpha-Styleguide V1.0). Siemens Nixdorf Informationssysteme AG, Bestell-Nr. U8557-J-Z147-1

/188/ Spur, G. (1992): Datenbank für CIM. Berlin, Heidelberg: Springer

/189/ Streveler, D.; Wasserman, A. (1984): Quantitative Measures of the Spatial Properties of Screen Design. In: Shackel, B. (Ed.): Proceedings of the Second IFIP Conference on Human-Computer Interaction, INTERACT '84, Vol.1. Amsterdam: Elsevier Science Publishers, 81-89

/190/ Strickert G. (1993): Wohin geht die Entwicklung von PPS-Systemen? Zeitschrift für wirtschaftliche Fertigung und Automation (ZwF), Nr. 12, Dezember 1993, 562-564

/191/ Strohm, O. (1991): Projektmanagement bei der Software-Entwicklung. In: Ackermann, D.; Ulich, E. (Hrsg): Software-Ergonomie '91. Stuttgart: Teubner, 46-58

/192/ Su, S. Y. W. (1983): SAM*: A semantic association model for corporate and scientific statistical data bases. Information Science, Band 29, 1983, 151-199

/193/ Su, S. Y. W. (1986): Modeling Integrated Manufacturing Data with SAM*. IEEE Computer Magazin January 1986, 34-49

/194/ Sun Microsystems (1989): Open Look - Graphical User Interface Functional Specification. Reading, Massachusetts: Addison-Wesley

/195/ Sun Microsystems (1990): Open Look - Graphical User Interface Application Style Guidelines. Reading, Massachusetts: Addison-Wesley

/196/ Sutcliffe, A. G.; McDermott, M. (1991): Integrating methods of human-computer interface design with structured systems development. International Journal of Man-Machine Studies, Vol. 34, No 5, May 1991, 631 - 655

/197/ Szekely, P.; Luo, P.; Neches, R. (1992): Facilitating the Exploration of Interface Design Alternatives. The HUMANOID Model of Interface Design. In: Proceedings of Human Factors in Computing Systems, CHI '92, May 1992. New York: ACM, 507-515

/198/ Szekely, P. (1990): Template-Based Mapping of Application Data to Interactive Displays. In: Proceedings of the ACM SIGGRAPH Symposium on User Interface Software and Technology, UIST '90, October 1990. New York: ACM 1-9

/199/ Teorey, T.J.; Yang, D.; Fry, J.P. (1986): A logical design methodology for relational data bases using the extended entity-relationship model. Computing Survey, 18, 2, 1986, 197-222

/200/ Teorey, T. J.; Wei, G.; Bolton, D. L.; Koenig, J. A. (1989): ER Model Clustering as an Aid for User Communication and Documentation in Database Design. Communications of the ACM, Vol. 32, No. 8, August 1989, 975-987

/201/ Tetzlaff, L.; Schwarz, D. R. (1991): The Use of Guidelines in Interface Design. In: Proceedings of Human Factors in Computing Systems, CHI '91, April 1991. New York: ACM, 329-333

/202/ Thurmann, F. (1993): Daten- und Prozeßmodellierung zur Organisation der Produktentwicklung. CIM Management, Heft Nr. 5, 1993, 35-40

/203/ Tullis, T. S. (1988): Screen Design. In: Helander, M. (Ed.): Handbook of Human-Computer Interaction. Amsterdam: North-Holland, 377-411

/204/ Vanderdonckt, J. M.; Bodart, F. (1993): Encapsulating Knowledge For Intelligent Automatic Interaction Objects Selection. In: Proceedings on Human Factors in Computing Systems, INTERCHI '93, April 1993. New York: ACM, 424-429

/205/ VDI-Richtlinie 5005 (1991): Software-Ergonomie in der Bürokommunikation. Berlin: Beuth-Verlag

/206/ VDMA (1992): Markt für Informationstechnik in der Fertigung wächst weiter. Computerwoche Nr. 41, 09.10.1992

/207/ Waldhör, K. (1989): Creating Advanced User Interfaces Using a Knowledge Based Approach. In: Salvendy, G.; Smith, M. J. (Eds.): Designing and Using Human-Computer Interfaces and Knowledge Based Systems. Amsterdam: Elsevier Science Publishers B.V., 869-876

/208/ Waldhör, K. (1989): Wissensbasiertes Generieren von Benutzerschnittstellen. In: Maaß, S.; Oberquelle, H. (Hrsg.): Software-Ergonomie '89. Aufgabenorientierte Systemgestaltung und Funktionalität. Stuttgart: Teubner, 294-303

/209/ Wallmüller, E. (1990): Software-Qualitätssicherung in der Praxis. München: Carl Hanser Verlag

/210/ Walsh, P. A.; Lim, K. Y.; Long, J. B. (1989): JSD and the design of user interface software. Ergonomics, Vol. 32, No. 11, 1989, 1483-1498

/211/ Walsh, P. A.; Lim, K. Y.; Long, J. B.; Carver, M. K. (1988): Integrating Human Factors With System Development. In: Heaton, N.; Sinclair, M. (Eds.): End-User Interfaces. Oxford: Pergamon Infotech

/212/ Wandke, H.; Beimel, J.; Hüttner, J. (1992): WEDA (Wissensgewinnung, -modellierung und -darstellung ihre Anwendung bei rechnerbasierten Unterstützungswerkzeugen), Analyse des Unterstützungsbedarfs bei komplexen kognitiven Tätigkeiten, Arbeitspaket 13: Tätigkeiten zur Entwicklung von Anwendungssoftware, Zwischenbericht, April 1992

/213/ Wandmacher, J. (1993): Software-Ergonomie. Berlin, New York: Walter de Gruyter

/214/ Ward, P., T.; Mellor, S. J. (1991): Strukturierte Systemanalyse von Echtzeit-Systemen. München, Wien: Carl Hanser Verlag

/215/ Weisbecker, A.; Koller, F.; Vossen, P. H. (1994): Guidelines and Rules for the Development of MADE Multimedia Applications. Deliverable E/STG/MMSG/P.0, December 1994, ESPRIT Project 6307 (MADE1)

/216/ Weisbecker, A. (1986): Optimierung von NF^2 algebraischen Ausdrücken in PROLOG. Diplomarbeit, Technische Hochschule Darmstadt

/217/ Weisbecker, A. (1993): Tool-Kauf ist erst der Anfang. Computerwoche Focus Nr. 3, 20.08.1993, 4-13

/218/ Wertheimer, M.(1922): Untersuchung zur Lehre von der Gestalt. Psychologische Forschung 1, 47-58 und 4, 1923, 301-350

/219/ Wiecha, C.; Bennett, W.; Boies, S., Gould, J.; Greene, S. (1990): ITS: A Tool for Rapidly Developing Interactive Applications. ACM Transactions on Information Systems, Vol. 8, No. 3, July 1990, 204-236

/220/ Wiendahl, H.-P. (1991): Analyse und Neuordnung der Fabrik. Berlin, Heidelberg: Springer

/221/ Williamson, I. (1993): Fertigungsindustrie in Europa - eine Herausforderung in den 90er Jahren. CIM Management, Heft Nr. 3, 1993, 26-30

/222/ Yourdon, E. (1989): Modern Structured Analysis. Engelwood Cliffs, New Jersey: Prentice-Hall

/223/ Zandt, N. (1992): Datenmodellierung: Akzeptanz des Managements fehlt noch. online 12/1992, 36

/224/ Zeidler, A.; Zellner, R. (1992): Software-Ergonomie. München, Wien: R. Oldenbourg Verlag

Anhang A: CASE-Werkzeuge

Produkt	Anbieter	Plattform						Methode					Generierung		User Interface		Vorgehensweise	PM	Datenbasis	RE
		DOS / MS-Windows	OS/2 PM	Macintosh	Unix / X-Window-System	DEC / VMS	andere	Datenmodellierung	Prozeßmodellierung	Echtzeitmodellierung	Design	Objektorientierung	Datenbankschemata	Code	maskenorientiert	graphisch				
ADW (Application Development Workbench)	Knowledgeware		•					IE	G/S, Y/D		SD		•	•	•	•	IE	•	Enzyklopädie	
Anatool	Advanced Logical Software			•					G/S										zentrales DD	
case/4/0	mircotools	•	•		•			Codd	Y/D	W/M	J				•	o			RDBMS	•
Deft	Programatic			•	•	•		ER	G/S, Y/D		J		•	•	•			•	zentrales DD	•
EPOS	GPP	•			•	•	VM, VMS, BS2000	ER	Y/D					•				•	zentrales DD	•
Excelerator	Intersolv	•	•		•			ER	G/S, Y/D	W/M	SD		•	•	•				zentrales DD	
Foundation	Andersen Consulting	•	•			•	VMS, MVS	ER	G/S		W/O		•	•	•	•	Method/1	•	DB2	•
IEF (Information Engineering Facility)	Texas Instruments	•	•				MVS	ER	G/S, Y/D		SD		•	•	•	•	IE	•	zentrales DD	•
IEW (Information Engineering Workbench)	Knowledgeware	•	•		•			IE	G/S, Y/D		SD		•	•	•	•	IE	•	Enzyklopädie	
Innovator	Mid	•			•	•		SERM	Y/D	H/P	SD		•	•		JAM			Repository	•
MacAnalyst	Excel Software			•				ER	G/S, Y/D		SD									
MacBubbles	Starsys			•				ER	Y/D	H/P, W/M										
Maestro II	Softlab	•	•		•		VM, MVS	SSADM, ER	Y/D		SD		•	•			SEtec, Merise, SSADM, LSDM	•	OMS	
Objekt Maker	Mark V	•			•			ER	G/S, Y/D	H/P, W/M	SD	Booch, OOA, OMT usw.		•						
Oracle Case	Oracle	•	•		•	•		ER	Y/D		SD		•	•	•	•	CASE Method			
Power Tools	Iconix Software Engineering			•				ER	Y/D											
ProKit Workbench	McDonnell Douglas	•						ER, Bachmann	G/S		SD		•	•	•		Stradis		zentrales DD	
ProMod	Cap debis SSP	•			•	•		ER	Y/D	H/P	SD		•	•					OCM	•
Silverrun	Hirschleber & Partner	•	•	•				ER	G/S, Y/D				•					•	Repository	
Software through Pictures	Interactive Development Environment				•			ER	G/S, Y/D	H/P	SD	OOSD	•	•	•					
System Architect	MIS	•						ER	G/S, Y/D	W/D	SD	OOA	•	•	•	•			dbase III kompatibel	
Systems Engineer	ExperTeam	•	•					ER, LBMS	LB-MS				•		•	•			zentrales DD	
Teamwork	Instrumatic	•			•	•		ER	Y/D	H/P	SD	OOA, OODLE	•	•		JAM			zentrales DD	
Turbo Case	StructSoft			•				ER	G/S, Y/D	H/P, W/M		OOA								
Westmount ISEE/ TSEE/OMT	PSI	•			•	•		ER	Y/D		J	OMT	•	•					RDBMS	

Legende:
PM Projektmanagement
RE Re-Engineering
• vorhanden
o angekündigt

Y/D Yourdon/DeMarco
G/S Gane/Sarson
H/P Hatley/Pirbhai
W/M Ward/Mellor
W/O Warnier/Orr

ER Entity-Relationship-Modellierung
J Jackson Strukturdiagramme
SD Strukturiertes Design
IE Information Engineering
DD Data Dictionary

SERM Structured Entity Relationship Model
LSDM LBMS Structured Development Method
SSADM Structured Systems Analysis and Design Method
RDBMS Relationales Datenbank-Management-System
OMS Objekt-Management-System
OCM Object and Communication Manager

Anhang B: Datenbanktabellen

Zur Speicherung und Verwaltung der Eigenschaftsbeschreibungen von Sichten, Entities, Relationen, Attributen, Bearbeitungs- und Navigationsfunktionen wird eine Datenbank unter Verwendung des Datenbankmanagementsystems Oracle benutzt. Im folgenden wird die Struktur der einzelnen Datenbanktabellen beschrieben.

```
Attribute
describe AEWPPSATTRI;
Name                            Null?    Type
------------------------------- -------- ----
ID                              NOT NULL CHAR(40)
BEZ                                      CHAR(30)
TYP                                      CHAR(5)
LAENGE                                   CHAR(10)
FORMAT                                   CHAR(30)
BERECH                                   CHAR(60)
WERTBART                                 CHAR(7)
WANZAHL                                  CHAR(10)
WWERTE                                   CHAR(150)
WREIHENF                                 CHAR(30)
WVON                                     CHAR(10)
WBIS                                     CHAR(10)
WSCHRITTW                                CHAR(10)
WGENAU                                   CHAR(10)
ART                                      CHAR(8)
VORBELEGT                                CHAR(30)
BEDINGUNG                                CHAR(60)
PARALLELL                                CHAR(10)
ABHAENGIG                                CHAR(60)
PRIORITAET                               CHAR(10)
HAEUFIG                                  CHAR(10)
ZUGRIFF                                  CHAR(10)
BESCHR                                   CHAR(240)

Entities
describe AEWPPSENTI;
Name                            Null?    Type
------------------------------- -------- ----
ID                              NOT NULL CHAR(30)
BEZ                                      CHAR(30)
BESCHR                                   CHAR(240)

Relationen
describe AEWPPSRELA;
Name                            Null?    Type
------------------------------- -------- ----
ID                              NOT NULL CHAR(30)
BEZ                                      CHAR(30)
ENTITIES                                 CHAR(60)
BESCHR                                   CHAR(240)

Sichten
describe AEWPPSSICHT;
Name                            Null?    Type
------------------------------- -------- ----
ID                              NOT NULL CHAR(30)
BEZ                                      CHAR(30)
BESCHR                                   CHAR(240)

Zuordnung von Funktionen zu Sichten
describe AEWPPSSFKT;
Name                            Null?    Type
------------------------------- -------- ----
SICHT                                    CHAR(30)
FKT                                      CHAR(30)
KZ                                       CHAR(1)
```

```
Navigationsfunktionen
describe AEWPPSNFKT;
Name                            Null?    Type
------------------------------- -------- ----
ID                              NOT NULL CHAR(30)
BEZ                                      CHAR(30)
EREIGNIS                                 CHAR(60)
TYP                                      CHAR(60)
ZUSICHT                                  CHAR(60)
UNDOFKT                                  CHAR(60)
VORBED                                   CHAR(60)
NACHBED                                  CHAR(60)
VORGAENGER                               CHAR(60)
NACHFOLGER                               CHAR(60)
PRIORITAET                               CHAR(10)
HAEUFIG                                  CHAR(10)
DAUER                                    CHAR(10)
VOLLSTAENDIG                             CHAR(20)
BESCHR                                   CHAR(240)

Bearbeitungsfunktionen
describe AEWPPSBFKT;
Name                            Null?    Type
------------------------------- -------- ----
ID                              NOT NULL CHAR(30)
BEZ                                      CHAR(30)
EREIGNIS                                 CHAR(60)
TYP                                      CHAR(60)
AKTION                                   CHAR(60)
UNDOFKT                                  CHAR(60)
VORBED                                   CHAR(60)
NACHBED                                  CHAR(60)
VORGAENGER                               CHAR(60)
NACHFOLGER                               CHAR(60)
PRIORITAET                               CHAR(10)
HAEUFIG                                  CHAR(10)
DAUER                                    CHAR(10)
VOLLSTAENDIG                             CHAR(20)
BESCHR                                   CHAR(240)

Zuordnung von Attributen zu Sichten
describe AEWPPSSATTR;
Name                            Null?    Type
------------------------------- -------- ----
SICHT                                    CHAR(30)
ATTRIBUT                                 CHAR(40)

Zuordnung von Entities und Relationen zu Sichten
describe AEWPPSSER;
Name                            Null?    Type
------------------------------- -------- ----
SICHT                           NOT NULL CHAR(30)
E_R                                      CHAR(30)
KZ                                       CHAR(1)

Zuordnung von Sichten zu Sichten
describe AEWPPSSS;
Name                            Null?    Type
------------------------------- -------- ----
GEHTEIN_SICHT                            CHAR(30)
BESTAUS_SICHT                            CHAR(30)
```

Anhang C: Attribute der Entities und Relationen eines PPS-Systems

In diesem Anhang werden die in Abbildung 7.1 dargestellten und für die Auftragsabwicklung relevanten Entities sowie deren Beziehungen beschrieben.

1 Beschreibung der relevanten Entities

1.1 Kunde

Die Kundenstammdaten werden entweder in der Auftragsbearbeitung oder in der Finanzbuchhaltung erzeugt. Sie bestehen aus identifizierenden und dispositions- bzw. steuerungsrelevanten Daten (vgl. Tabelle C.1). Zu den identifizierenden Daten zählen die Kundennummer, die den Primärschlüssel bildet, und der Kundenname. Die Adresse wird als eigenes Entity modelliert, da ein Kunde mehrere Adressen haben kann z. B. Rechnungsadresse, Lieferadresse.

Kunde	Adresse
* Kundennummer	* Adressnummer
* Kundenname	Suchbegriff
Verkaufsgebiet	Firma
Vertreter	Postfach
Provision	Straße
Branche	Postleitzahl
MwSt.	Ort
Umsatzsteuer Identifikationsnummer	Land
Skonto	Name des Ansprechpartners
Zahlungsziel	Vorname des Ansprechpartners
Währung	Funktion
Name der Bank	Titel
Bankleitzahl	Abteilung
Kontonummer	Telefon
Kreditlimit	Telefax
Bonität	Telex
Umsatz	
Anzahl offener Rechnungen	
Gesamtwert offener Aufträge	

Tabelle C.1: Attribute des Entities Kunde und des Entities Adresse (* - Schlüsselattribut zur eindeutigen Identifikation)

1.2 Adresse

Da sowohl der Kunde als auch der Lieferant mehrere unterschiedliche Adressen haben können, wird die Adresse als eigenständiges Entity modelliert. Jeder Adresse werden zur Identifikation eine eindeutige Nummer und ein Suchbegriff zugeordnet. Die weiteren Attribute sind in Tabelle C.1 beschrieben.

1.3 Auftrag

Unter Auftrag wird hier der Kundenauftrag verstanden. Der Auftrag besteht aus einem Auftragskopf und den einzelnen Auftragspositionen. Dieser Sachverhalt wird im Datenmodell durch das aus der Normierung entstandene Entity Auftragsposition verdeutlicht. Die Attribute des Entities Auftrag beschreiben somit nur den Auftragskopf. Die Identifikation des Auftrags erfolgt über die Auftragsnummer, die automatisch vom System vergeben wird und vom Benutzer verändert werden kann.

Auftrag	**Auftragsposition**
* Auftragsnummer	* Auftragsnummer
Auftragsart	* Auftragspositionsnummer
Auftragsdatum	Artikelnummer
Auftragsstatus	Artikelbezeichnung
Liefertermin	Menge
Liefernummer	Mengeneinheit
Rechnungsnummer	Gewicht
Solltermin	Preis
Wunschtermin	Gesamtpreis pro Position
frühester Termin	
Rabatt	
Zuschlag	
Sonderkonditionen	
Sammelrechnung	
Teillieferung	
Gewicht	
Verpackung	
Skonto	
Währungseinheit	
Tageskurs	

Tabelle C.2: Attribute des Entities Auftrag und des Entities Auftragsposition (* - Schlüsselattribut zur eindeutigen Identifikation)

1.4 Auftragsposition

In den Auftragspositionen werden die vom Kunden bestellten Artikel und deren gewünschte Mengen erfaßt. Eine Auftragsposition wird über die Positionsnummer und die Auftragsnummer eindeutig identifiziert. Die Attribute des Entities Auftragsposition sind in Tabelle C.2 aufgelistet.

1.5 Artikel

Die Artikel bilden eine zentrale Komponente im PPS-System. Artikel wird hier als Oberbegriff für Endprodukte und Einzelteile verwendet. Äquivalente Begriffe sind Teil, Material oder Produkt. Zur Beschreibung eines Artikels können mehr als 50 Attribute verwendet werden. Einige dieser Attribute finden sich in Tabelle C.3. Die Identifikation erfolgt über die Artikelnummer. Neben dieser Identifikation werden klassifizierende Attribute zum Wiederauffinden von

Artikeln herangezogen. Nach DIN 4000 erfolgt die Suche von bestimmten Artikeln über Merkmalsleisten. Jede Merkmalsleiste verfügt über eine eindeutige Kennung und über bis zu 10 Merkmale. Somit sind für jeden Artikel diese Attribute vorzusehen.

Artikel	
* Artikelnummer	Abmessungen
DIN 4000 Merkmalsleiste: Kennung und Merkmal (max. 10)	Raumbedarf
Artikelbezeichnung	Werkstoffart
Artikelbeschreibung	Farbe
Art	Typangabe
Zeichnungsnummer	Variable Kosten
Wiederbeschaffungszeit	Verkaufspreis
Dispositionsart	minimale Auftragsgröße
Ausschußfaktor für mengenunabhängigen Ausschuß	maximale Auftragsgröße
Ausschußfaktor für rüstabhängigen Ausschuß	Gültigkeitsdatum
Maßeinheit	Erstanlage
Gewicht	Sachbearbeiter

Tabelle C.3: Attribute des Entities Artikel (* - Schlüsselattribut zur eindeutigen Identifikation)

1.6 Arbeitsplan

Die Struktur eine Artikels setzt sich aus der Stückliste und dem Arbeitsplan zusammen. Beide zeigen die Menge und die Reihenfolge von Ressourcen, die benötigt werden, um einen Artikel herzustellen. Von daher sind beide sehr ähnlich und es bietet sich an, diese gemeinsam zu verwalten. Da ihre Attribute jedoch unterschiedlich sind, werden sie in dem Datenmodell durch zwei Entities, Artikel mit der rekursiven Beziehung Artikelstruktur und Arbeitsplan, dargestellt.

Ein Arbeitsplan beinhaltet die Arbeitsanweisungen zur Herstellung eines Artikels und existiert somit nur für Artikel, die in Eigenfertigung hergestellt werden. Er wird durch die Arbeitsplannummer identifiziert und besteht aus einem Arbeitsplankopf und den einzelnen Arbeitsgängen.

Arbeitsplan	**Arbeitsgang**
* Arbeitsplannummer	* Arbeitsplannummer
Arbeitsplanbezeichung	* Arbeitsgangnummer
Artikelnummer	Arbeitsgangbezeichnung
Artikelbezeichnung	Betriebsmittelnummer
Zeichnungsnummer	Rüstzeit
Mengeneinheit	Stückzeit
	Zeichnungsnummer
	Bearbeitungszeit pro Mengeneinheit

Tabelle C.4: Attribute des Entities Arbeitsplan und des Entities Arbeitsgang (* - Schlüsselattribut zur eindeutigen Identifikation)

1.7 Arbeitsgang

Ein einzelner Arbeitsgang enthält die Angaben über die zur Herstellung eines Artikels erforderlichen Arbeitsvorgangsbeschreibungen.

Der Arbeitsgang wird als eigenständiges Entity modelliert, weil ein Arbeitsplan aus beliebig vielen Arbeitsgängen bestehen kann und ein Arbeitsgang auch in verschiedenen Arbeitsplänen vorkommen kann. Zu einem Arbeitsgang kann es Alternativarbeitsgänge geben. Die Identifikation des Arbeitsgangs erfolgt über die Arbeitsplannummer und die Arbeitsgangnummer. Tabelle C.4 zeigt die Attribute für das Entity Arbeitsgang.

1.8 Arbeitsplatz

Ein Arbeitsplatz wird durch Dispositions-, Kapazitäts-, Instandhaltungs- und Kostendaten beschrieben (vgl. Tabelle C.5) und über eine eindeutige Nummer identifiziert. Funktionsgleiche Arbeitsplätze werden zu Arbeitsplatzgruppen zusammengefaßt.

Arbeitsplatz	**Betriebsmittel**
* Arbeitsplatznummer	* Betriebsmittelnummer
Arbeitsplatzbezeichnung	Betriebsmittelbezeichnung
Plankapazität pro Schicht	Standort
Anzahl der Schichten pro Werktag (Schichtfaktor)	technische Daten
Wartezeit vor Belegung	Nutzungsgrad
Übergangszeit nach Bearbeitung	Leistungsgrad
Maschinenstundensatz	durchschnittliche Rüstzeit
Maschinensatz pro Rüststunde	
Datum Instandhaltung	
Dauer Instandhaltung	
Intervall Instandhaltung	

Tabelle C.5: Attribute des Entities Arbeitsplatz und des Entities Betriebsmittel (* - Schlüsselattribut zur eindeutigen Identifikation)

1.9 Betriebsmittel

Das Entity beschreibt die Betriebsmittel, die zur Herstellung eines Artikels in einem Arbeitsgang benötigt werden. Die Anzahl und die Art der Attribute (vgl. Tabelle C.5) kann sehr unterschiedlich sein in Abhängigkeit von der Einbeziehung von Daten aus dem Rechnungswesen und der Instandhaltung. Die Betriebsmitteldaten werden in den PPS-Systemen zur Termin- und Kapazitätsplanung herangezogen.

Wie bei den Arbeitsplätzen werden gleichartige Betriebsmittel zu Betriebsmittelgruppen zusammengefaßt.

1.10 Lieferant, Bestellung und Lager

Auf die Entities Lieferant, Bestellung und Lager wird im Zusammenhang mit der hier beschriebenen Auftragsabwicklung eines Kundenauftrags nicht näher eingegangen.

Die Lieferantendaten gehören zu den Bereichen Beschaffung bzw. Einkauf. Diese Daten und deren Struktur entsprechen den Kundendaten. So kann ein Lieferant ebenfalls mehrere Adressen besitzen.

Die Bestellung ist bei der Modellierung äquivalent zum Auftrag.

Die Verwaltung des Lagers bildet in den meisten PPS-Systemen ein eigenständiges Modul und wird hier im Zusammenhang mit der Auftragsbearbeitung nicht näher behandelt.

2 Beschreibung der Beziehungen

2.1 Kunde besitzt Adresse

Ein Kunde kann mehrere unterschiedliche Adressen, z. B. Rechnungs- und Lieferadresse, besitzen. Dies wird durch die 1:n -Beziehung "besitzt" dargestellt.

2.2 Kunde kauft Artikel

Die n:m-Beziehung "kauft" wird benötigt, um auszudrücken, daß bestimmte Attribute wie Preise, Rabatte und Konditionen sowohl vom Kunden als auch vom Artikel bestimmt werden.

2.3 Kunde erteilt Auftrag

Zwischen Kunde und Auftrag besteht die 1:n-Beziehung "erteilt", da ein Kunde mehrere Aufträge erteilen kann, aber ein Auftrag genau einem Kunden zugeordnet ist.

2.4 Auftrag beinhaltet Artikel

Die unnormalisierte n:m-Beziehung zwischen Auftrag und Artikel wird, wie in Abbildung 7.3 gezeigt, durch zwei 1:n Beziehungen und die Einführung des Entities Auftragsposition aufgelöst. Die Attribute der Beziehung "beinhaltet", die sowohl vom Auftrag als auch vom Artikel abhängig sind, wie z. B. Menge und Gesamtpreis pro Auftragsposition, werden so dem Entity Auftragsposition zugeordnet.

2.5 Artikelstruktur

Die Artikelstruktur zeigt die Zusammensetzung der einzelnen Artikel aus ihren Bestandteilen. Sie drückt die Beziehung zwischen den Artikeln aus. Aus ihr können Stücklisten erzeugt werden, die zeigen, aus welchen Bestandteilen ein Artikel besteht, und Teileverwendungsnachweise geführt werden, die darstellen, welche Teile bzw. Artikel in andere eingehen.

2.6 Artikel wird hergestellt nach Arbeitsplan

Bei Eigenerzeugnissen wird im Arbeitsplan beschrieben, wie der Artikel herzustellen ist. Es wird davon ausgegangen, daß für jeden Artikel ein spezifischer Arbeitsplan benötigt wird, aber einem Artikel mehrere Arbeitspläne, nämlich Alternativarbeitspläne zugeordnet sind. Aus diesem Grund handelt es sich bei der Beziehung "wird hergestellt nach" zwischen Artikel und Arbeitsgang um eine 1:n Beziehung.

2.7 Arbeitsplan umfaßt Arbeitsgang

Bei der Beziehung "umfaßt" zwischen Arbeitsplan und Arbeitsgang handelt es sich um eine n:m Beziehung. Ein Arbeitsplan umfaßt mehrere Arbeitsgänge und ein Arbeitsgang kommt in mehreren Arbeitsplänen vor.

2.8 Arbeitsgang ist zugeordnet Arbeitsplatzgruppe

Ein Arbeitsgang ist einer Arbeitsplatzgruppe zugeordnet. An einer Arbeitsplatzgruppe können verschiedene Arbeitsgänge durchgeführt werden, deshalb handelt es sich bei der Beziehung "ist zugeordnet" um eine n:1 Beziehung zwischen Arbeitsgang und Arbeitsplatzgruppe.

2.9 Arbeitsgang verbraucht Betriebsmittel

Zwischen Arbeitsgang und Betriebsmitteln besteht eine n:m Beziehung, da ein Arbeitsgang mehrere Betriebsmittel benötigen kann und ein Betriebsmittel in mehreren Arbeitsgängen verbraucht wird.

Anhang D: Sichtendefinition und Generierung der Benutzungsoberfläche für die Kundenbearbeitung

1 Definition und Generierung der Auswahlsichten für das Objekt Kunden

Ausgehend von der in Abschnitt 7.3.1.1, Abbildung 7.3, definierten Einstiegssicht werden in diesem Anhang die Auswahl- und Detailsichten für das Objekt Kunde definiert. Wie bei dem Objekt Auftrag werden auch hier zwei Auswahlsichten und somit zwei Zugriffspfade erstellt.

1.1 Definition und Generierung der Listensicht Kunde

Ausgehend vom Einstieg kann mit der Funktion "Öffnen" die Liste der vorhandenen Kunden angezeigt werden. Abbildung D.1 zeigt die für die Listenauswahl definierte Sicht und Abbildung D.2 das daraus und aus den zugeordneten Funktionen generierte Fenster. Die Funktionen für die Listensicht entsprechen den in Abschnitt 7.3.2.2, Tabelle 7.2, definierten Funktionen.

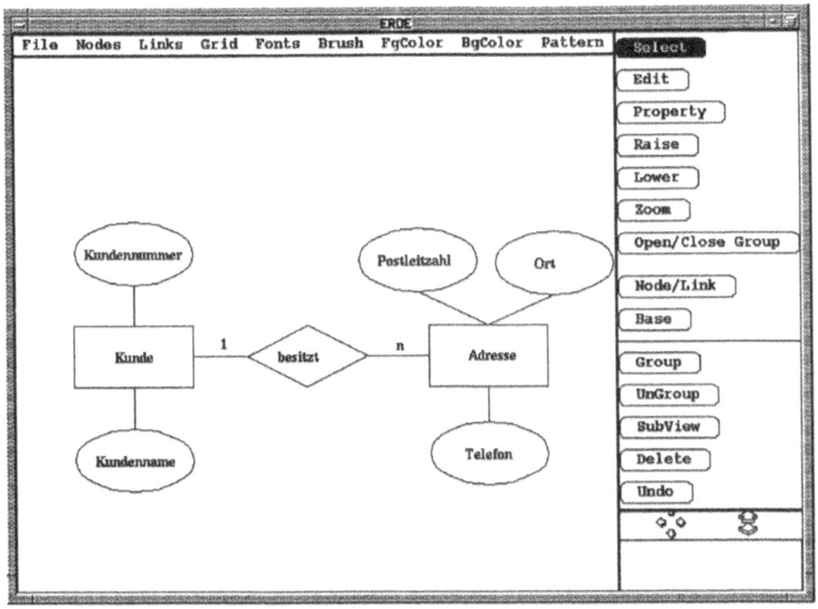

Abbildung D.1: Sichtendefinition für Auswahl der Kunden aus einer Liste

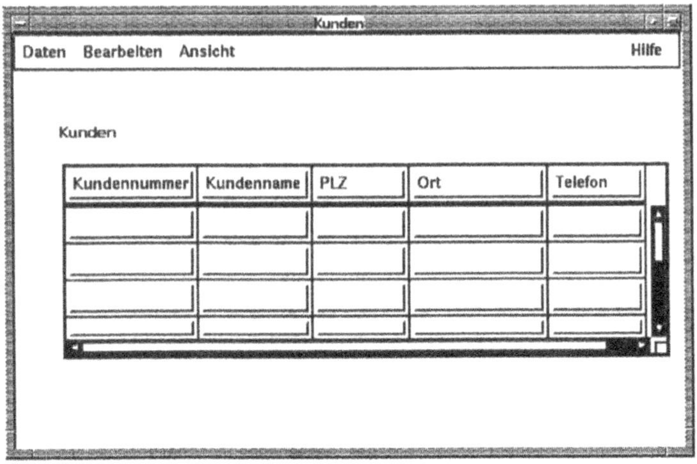

Abbildung D.2: Generiertes Fenster zur Auswahl der Kunden aus einer Liste

1.2 Definition und Generierung des Auswahlfensters

Abbildung D.3 zeigt die Sichtendefinition für das Auswahlfenster zur Eingabe der Selektionskriterien für Kunden. Das daraus generierte Fenster ist in Abbildung D.4 zu sehen. Die Funktionen für das Auswahlfenster entsprechen den in Abschnitt 7.3.2.4, Tabelle 7.3, definierten Funktionen.

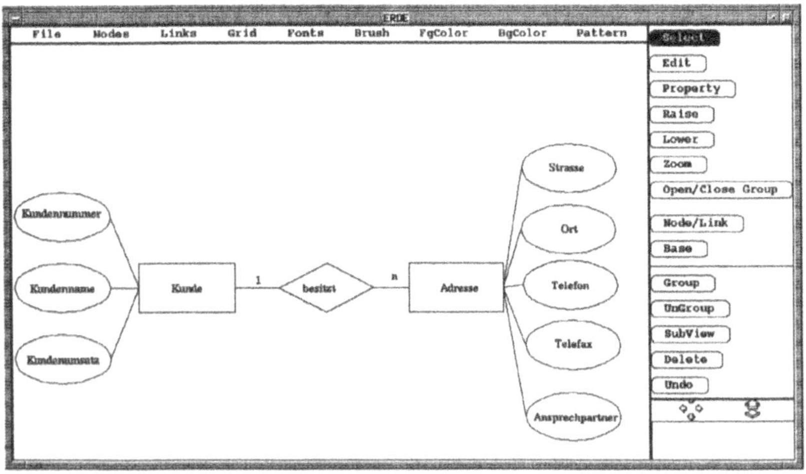

Abbildung D.3: Sichtendefinition für Auswahlfenster zur Spezifikation der Eigenschaften der gewünschten Kunden

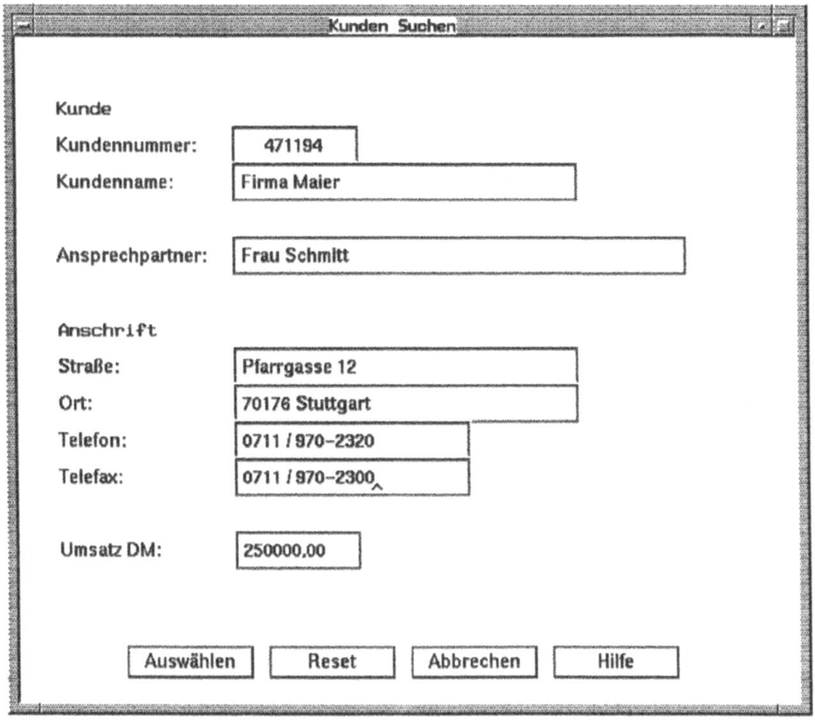

Abbildung D.4: Generiertes Auswahlfenster

2 Definition und Generierung der Detailsichten zur Auftragsbearbeitung

2.1 Detailsicht Kunde-Auftrag

Für die Erfassung und Bearbeitung von einzelnen Kunden wird eine Detailsicht Kunde-Auftrag definiert (vgl. Abbildung D.5). Diese Sicht enthält die wichtigsten Daten des Kunden und dessen Aufträge.

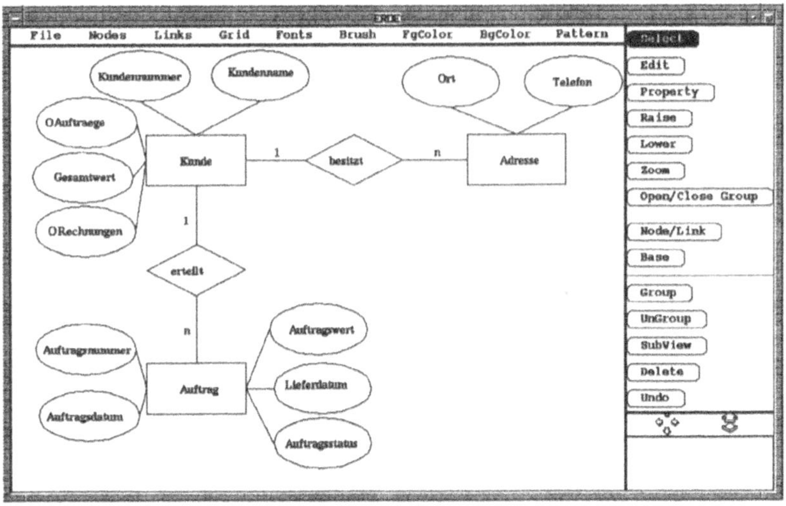

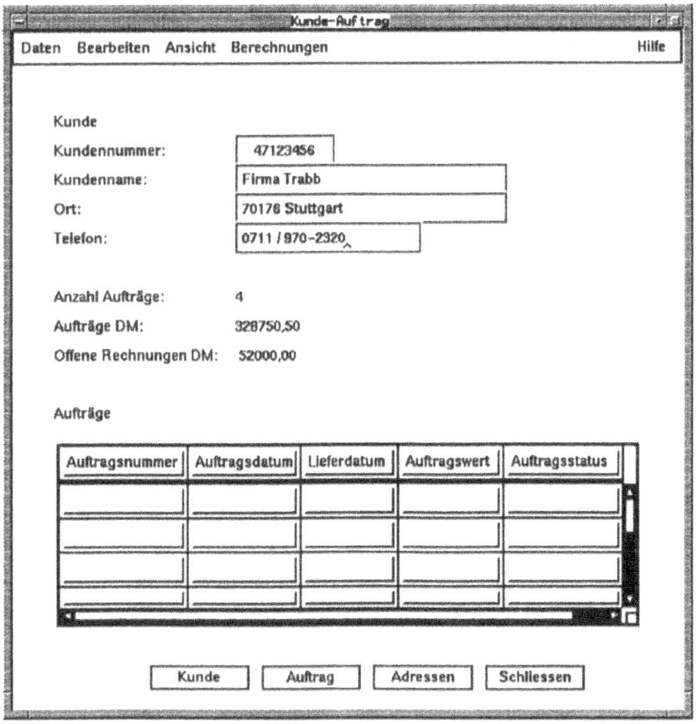

Abbildung D.5: Sichtendefinition für die Detailsicht Kunde-Auftrag und das dazu generierte Fenster

2.2 Zuordnung der Funktionen zur Detailsicht Kunde-Auftrag

Die Detailsicht Kunde-Auftrag enthält zusätzlich zu den in der Listenauswahl angegebenen Bearbeitungs- und Navigationsfunktionen noch Funktionen, die spezifisch für die Kundenbearbeitung sind. Sie sind unter dem Menü Berechnungen zusammengefaßt.

Menü	Funktion	Bedeutung	Art	Typ
Daten	Neu	Erzeugt ein neues Objekt Auftrag und öffnet das Fenster zum Erfassen des Auftrags.	N	S
	Öffnen	Öffnet den ausgewählten Auftrag.	N	S
	Auswählen	Aufruf des Auswahlfensters zur Definition von Auswahlparametern um die Auswahlliste einzuschränken.	N	S
	Speichern	Speicherung der durchgeführten Änderungen.	B	S
	Speichern unter...	Abspeichern eines kopierten Objekts unter einem neuen Namen.	B	S
	Drucken	Druckt die ausgewählten Objekte.	B	S
	Archivieren	Archiviert die ausgewählten Objekte.	B	S
	Löschen	Löscht die ausgewählten Objekte.	B	S
	Schliessen	Schließt das Fenster und beendet diesen Arbeitsschritt.	N	S
Bearbeiten	Widerruf	Letzte Aktion rückgängig machen.	B	S
	Ausschneiden	Ausschneiden des ausgewählten Objekts.	B	S
	Kopieren	Kopieren des ausgewählten Objekts.	B	S
	Einfügen	Einfügen eines ausgeschnittenen oder kopierten Objekts.	B	S
	Suchen ...	In der Tabelle nach bestimmten Einträgen suchen. Es erscheint eine Dialogbox zur Eingabe der Suchkriterien.	N	S
	Erneut Suchen	Erneutes Suchen nach dem Suchbegriff in der Tabelle.	B	S
Ansicht	Auftrag	Zu dem ausgewählten Objekt wird der Auftrag mit seinen Auftragspositionen angezeigt (entspricht Öffnen).	N	S
	Kunde	Details des Kunden werden angezeigt.	N	S
	Auftragsstruktur	Auftragsstruktur zu dem ausgewählten Auftrag.	N	S
Berechnungen	Bonitätsprüfung	Bonitätsprüfung für den Kunden durchführen.	B	A
	Preistabellen	Preistabellen für den Kunden bearbeiten.	N	A
	Umsatz	Umsatz für den Kunden berechnen.	B	A
Hilfe	Kontext	Standardhilfemenü nach OSF/Motif.	N	S
	Fenster			
	Tastenbelegung			
	Index			
	Hilfe			
	Tutorial			
	Version			

Tabelle D.1: Funktionen in der Detailsicht Kunde-Auftrag und deren Gruppierung zu Menüs
Legende: Art: N - Navigationsfunktion, B - Bearbeitungsfunktion
Typ: S - Standard, A - Anwendungsspezifisch

Aus den aus dem Datenmodell abgeleiteten Dialogabläufen ergibt sich für die Sicht Kunde-Auftrag ein Übergang zu der Detailsicht Kunde, die alle Kundendaten enthält, und der Detailsicht Auftrag. Des weiteren beseht eine Übergang zu dem benachbarten Entity Adresse. Diese Navigationsfunktionen und die Funktion Schließen werden als Operationsauswahl dargestellt, damit ein schneller Zugriff bei deren häufiger Verwendung gewährleistet ist.

Funktion	Bedeutung	Art	Typ
Kunde	Verzweigung zu den Kundendaten	N	A
Auftrag	Verzweigung zu Details des ausgewählten Auftrags	N	A
Adresse	Verzweigung zu den Kundenadressen	N	A
Schließen	Beendigung der Bearbeitung des aktuellen Auftrags	N	S

Tabelle D.2: Navigationsfunktionen im Detailfenster Kunde-Auftrag
Legende: Art: N - Navigationsfunktion, B - Bearbeitungsfunktion
Typ: S - Standard, A - Anwendungsspezifisch

2.3 Detailsicht Kunde

Abbildung D.6 zeigt die für die Kundendaten definierte Detailsicht und das daraus generierte Fenster. Die der Sicht zugeordneten Funktionen sind in Tabelle D.1 beschrieben.

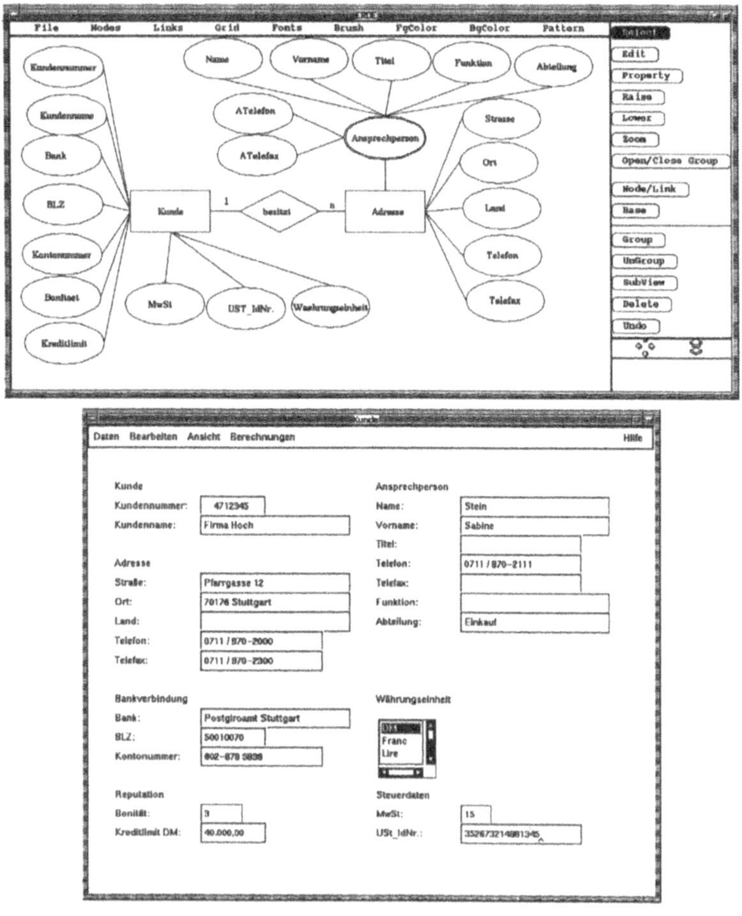

Abbildung D.6: Definition der Sicht Kunde und das daraus generierte Fenster

IPA Forschung und Praxis

Schriftenreihe aus dem Institut für Produktionstechnik und Automatisierung, Stuttgart

Herausgeber: Prof. Dr.-Ing. H. J. Warnecke

Datenerfassung im Produktionsbereich
Von E. Bendeich ISBN 3-7830-0117-8
1977, 176 Seiten, kartoniert 54,— DM

Methodenauswahl für die Materialbewirtschaftung in Maschinenbau-Betrieben
Von H. Graf ISBN 3-7830-0136-6
1977, 144 Seiten, kartoniert 54,— DM

Systematische Auswahl von Förderhilfsmitteln für den innerbetrieblichen Materialfluß
Von W. Rau ISBN 3-7830-0139-0
1977, 103 Seiten, kartoniert 40,— DM

Grundlagen zur Planung von Ersatzteilfertigungen
Von E. Schulz ISBN 3-7830-0138-2
1977, 98 Seiten, kartoniert 40,— DM

Rechnerunterstützte Fabrikplanung
Von B. Minten ISBN 3-7830-0116-1
1977, 124 Seiten, kartoniert 38,— DM

Eine Planungsmethode für automatische Montagesysteme
Von H.-G. Lohr ISBN 3-7830-0120-X
1977, 108 Seiten, kartoniert 32,— DM

Planung und Bewertung von Arbeitssystemen in der Montage
Von H. Metzger ISBN 3-7830-0131-5
1977, 108 Seiten, kartoniert 40,— DM

Klassifizierungssystem für Prüfmittel der industriellen Längenprüftechnik
Von R. Czetto ISBN 3-7830-0144-7
1978, 181 Seiten, kartoniert 64,— DM

Rechnerunterstützte Montageplanung
Von O. Hirschbach ISBN 3-7830-0149-8
1978, 146 Seiten, kartoniert 52,— DM

Rechnerunterstützte Entwicklung von Simulationsmodellen für Unternehmensplanspiele
Von A. Moker ISBN 3-7830-0147-1
1978, 181 Seiten, kartoniert 64,— DM

Arbeitsplatzanalysen zur Ermittlung der Einsatzmöglichkeiten und Anforderungen an Industrieroboter
Von G. Herrmann ISBN 37830-0151-X
1978, 113 Seiten, kartoniert 40,— DM

MFSP — Ein Verfahren zur Simulation komplexer Materialflußsysteme
Von G. Stemmer ISBN 3-7830-0118-8
1977, 140 Seiten, kartoniert 60,— DM

Berührungslose Erkennung durch Positionsbestimmung von Objekten durch inkohärent-optische Korrelation
Von M. König ISBN 3-7830-0137-4
1977, 110 Seiten, kartoniert 40,— DM

Auslegung von Störungspuffern in kapitalintensiven Fertigungslinien
Von R. v. Stetten ISBN 3-7830-0140-4
1977, 154 Seiten, kartoniert 56,— DM

Flexible Transportablaufsteuerung
Von G. Römer ISBN 3-7830-0114-5
1977, 188 Seiten, kartoniert 60,— DM

Rechnergestützte Realplanung von Fabrikanlagen
Von T.-K. Sauter ISBN 3-7830-0119-6
1977, 108 Seiten, kartoniert 32,— DM

Systematisches Auswählen und Konzipieren von programmierbaren Handhabungsgeräten
Von R. D. Schraft ISBN 3-7830-0115-3
1977, 108 Seiten, kartoniert 32,— DM

Auslandsproduktion
Von W. Cypris ISBN 3-7830-0145-5
1978, 126 Seiten, kartoniert 42,— DM

Wirtschaftlicher Einsatz von Mehrkoordinatenmeßgeräten
Von M. Dietzsch ISBN 3-7830-0148-X
1978, 142 Seiten, kartoniert 52,— DM

Fertigungssteuerung bei flexiblen Arbeitsstrukturen
Von K.-G. Lederer ISBN 3-7830-0146-3
1978, 128 Seiten, kartoniert 42,— DM

Untersuchungen zum Polieren und Entgraten durch elektrochemisches Oberflächenabtragen
Von K. Zerweck ISBN 3-7830-0150-1
1978, 110 Seiten, kartoniert 40,— DM

Stufenweise Ableitung eines praktischen Planungssystems für den Entwicklungsbereich
Von R. Hichert. ISBN 3-7830-0149-8.
1978, 151 Seiten, kartoniert. 52,– DM

Produktionsplanung mit Auftragsfamilien
Von U. W. Geitner. ISBN 3-7830-0161-7.
1979, 110 Seiten, kartoniert. 45,– DM

Thermisch-chemisches Entgraten
Von T. Wagner. ISBN 3-7830-0164-1.
1979, 111 Seiten, kartoniert. 45,– DM

Untersuchung der Materialflußkosten bei ausgewählten Systemen der Zentralen Arbeitsverteilung
Von R. Wenzel. ISBN 3-7830-0162-5.
1979, 168 Seiten, kartoniert. 86,– DM

Anpassung und Einführung eines Planungssystems für die Ablaufplanung im Konstruktionsbereich
Von W. Dangelmaier. ISBN 3-7830-0163-3.
1979, 168 Seiten, kartoniert. 80,– DM

Längenmessungen an bewegten Teilen mit berührungslos wirkenden Aufnehmern
Von H. Lang. ISBN 3-7830-0157-9
1979, 89 Seiten, kartoniert. 42,– DM

Untersuchung multistabiler Strömungselemente und ihr Einsatz in sequentiellen Steuerungen
Von A. Ernst. ISBN 3-7830-0157-9
1979, 122 Seiten, kartoniert. 48,– DM

Taktile Sensoren für programmierbare Handhabungsgeräte
Von M. Schweizer. ISBN 3-7830-0158-7
1979, 91 Seiten, kartoniert. 42,– DM

Die rechnerunterstützte Prüfplanung
Von P. Blasing. ISBN 3-7830-0152-8.
1979, 100 Seiten, kartoniert 44,– DM

Verfahren zur Fabrikplanung im Mensch-Rechner-Dialog am Bildschirm
Von W. Ernst. ISBN 3-7830-0156-0.
1979, 218 Seiten, kartoniert. 72,– DM

Rechnerunterstütztes Verfahren zur Leistungsabstimmung von Mehrmodell-Montagesystemen
Von M. Gorke. ISBN 3-7830-0155-2
1979, 139 Seiten, kartoniert 50,– DM

Standortbezogene Betriebsmittel
Von G. Pflieger. ISBN 3-7830-0167-6.
1979, 127 Seiten, kartoniert. 52,– DM

Die betriebswirtschaftliche Beurteilung neuer Arbeitsformen
Von B.-H. Zippe. ISBN 3-7830-0168-4.
1979, 350 Seiten, kartoniert. 98,– DM

Untersuchung des Arbeitsverhaltens programmierbarer Handhabungsgeräte
Von B. Brodbeck. ISBN 3-7830-0169-2.
1979, 117 Seiten, kartoniert. 48,– DM

Untersuchung eines kohärent-optischen Verfahrens zur Rauheitsmessung
Von N. Rau. ISBN 3-7830-0174-9
1979, 117 Seiten, kartoniert 48,– DM

Entwicklung einer programmierbaren, pneumatischen Steuerung
Von D. Klemenz. ISBN 3-7830-0171-4
1979, 93 Seiten, kartoniert. 42,– DM

IPA Forschung und Praxis

Berichte aus dem Fraunhofer-Institut für Produktionstechnik und Automatisierung, Stuttgart, und dem Institut für Industrielle Fertigung und Fabrikbetrieb der Universität Stuttgart

Herausgeber: Prof. Dr.-Ing. H. J. Warnecke

---

38 **Arbeitsgangterminierung mit variabel strukturierten Arbeitsplänen — Ein Beitrag zur Fertigungssteuerung flexibler Fertigungssysteme**
Von U. Maier. ISBN 3-540-10213-2.
1980, 111 Seiten mit 45 Abbildungen. 43,– DM

39 **Kapazitätsabgleich bei flexiblen Fertigungssystemen**
Von P. S. Nieß. ISBN 3-540-10372-4
1980, 151 Seiten mit 57 Abbildungen 48,– DM

40 **Schichtdickenverteilung auf galvanisierten Paßteilen am Beispiel kleiner abgesetzter Wellen und Bohrungen**
Von D. Wolfhard. ISBN 3-540-10373-2
1980, 177 Seiten mit 83 Abbildungen 48,– DM

41 **Planung von Mehrstellenarbeit unter Berücksichtigung von Umfeldaufgaben**
Von S. Haußermann. ISBN 3-540-10374-0.
1980, 136 Seiten mit 59 Abbildungen 48,– DM

42 **Untersuchungen zur Schmierfilmdicke in Druckluftzylindern — Beurteilung der Abstreifwirkung und des Reibungsverhaltens von Pneumatikdichtungen mit Hilfe eines neu entwickelten Schmierfilmdicken-meßverfahrens**
Von R. Kohnlechner. ISBN 3-540-10375-9
1980, 100 Seiten mit 38 Abbildungen und 4 Tabellen. 43,– DM

43 **Typologie zum überbetrieblichen Vergleich von Fertigungssteuerungsverfahren im Maschinenbau**
Von G. Rabus. ISBN 3-540-10376-7.
1980, 174 Seiten mit 88 Abbildungen und 21 Tafeln 48,– DM

44 **System zur Planung des Umlaufbestandes in Betrieben mit Serienfertigung**
Von K.-G. Wilhelm. ISBN 3-540-10377-5.
1980, 142 Seiten mit 67 Abbildungen und 15 Tafeln. 48,– DM

45 **Rechnerunterstützte Arbeitsplanerstellung mit Kleinrechnern, dargestellt am Beispiel der Blechbearbeitung**
Von W. Hoheisel. ISBN 3-540-10505-0.
1981, 169 Seiten mit 74 Abbildungen. 48,– DM

46 **Beitrag zur Verbesserung der Wirtschaftlichkeit EDV-unterstützter Fertigungssteuerungssysteme durch Schwachstellenanalyse**
Von J. Lienert. ISBN 3-540-10506-9.
1981, 148 Seiten mit 37 Abbildungen. 48,– DM

47 **Die Abscheidung von Öl an Entlüftungsöffnungen drucklufttechnischer Anlagen**
Von W.-D. Kiessling. ISBN 3-540-10604-9
1981, 117 Seiten mit 48 Abbildungen und 3 Tabellen. 43,– DM

48 **Dynamische Optimierung technisch-ökonomischer Systeme**
Von J. Warschat. ISBN 3-540-10717-7.
1981, 132 Seiten mit 60 Abbildungen. 43,– DM

49 **Bildsensor zur Mustererkennung und Positionsmessung bei programmierbaren Handhabungsgeräten**
Von H. Geißelmann. ISBN 3-540-10735-5.
1981, 125 Seiten mit 52 Abbildungen. 43,– DM

50 **Verfügbarkeitsberechnung für komplexe Fertigungseinrichtungen**
Von Ekkehard Gericke. ISBN 3-540-10779-7.
1981, 132 Seiten mit 71 Abbildungen. 43,– DM

51 **Materialflußgestaltung in Fertigungssystemen**
Von Willi Rößner. ISBN 3-540-10888-2.
1981, 149 Seiten mit 76 Abbildungen. 48,– DM

52 **Beitrag zur Analyse der Auswirkungen der Mikroelektronik, dargestellt am Beispiel der Büromaschinen-Industrie**
Von Werner Neubauer. ISBN 3-540-10991-9.
1981, 145 Seiten mit 27 Abbildungen und 47 Tabellen. 43,– DM

53 **Modelle von Informationssystemen zur kurzfristigen Fertigungssteuerung und ihre Gestaltung nach betriebsspezifischen Gesichtspunkten**
Von Roland Gentner. ISBN 3-540-10992-7.
1981, 181 Seiten mit 69 Abbildungen und 7 Tabellen. 48,– DM

54 **Entwicklung von Verfahren zur Terminplanung und -steuerung bei flexiblen Montagesystemen**
Von Jürgen H. Kolle. ISBN 3-540-11227-8.
1981, 132 Seiten mit 64 Abbildungen und 1 Faltplan. 43,– DM

55 **Arbeits- und Kapazitätsteilung in der Montage**
Von Stefan Dittmayer. ISBN 3-540-11228-6.
1981, 124 Seiten und 56 Abbildungen. 43,– DM

56 **Beitrag zur systematischen Planung der Qualitätsprüfung bei Klein- und Mittelserienfertigung**
Von Herbert Babic. ISBN 3-540-11325-8
1982, 108 Seiten mit 38 Abbildungen und 7 Tabellen. 53,– DM

57 **Methode zur rechnerunterstützten Einsatzplanung von programmierbaren Handhabungsgeräten**
Von Uwe Schmidt-Streier. ISBN 3-540-11355-X.
1982, 188 Seiten mit 72 Abbildungen. 53.– DM

58 **Werkstoff- und Energiekennwerte industrieller Lackieranlagen, am Beispiel der Automobilindustrie**
Von Rainer Manfred Thiel. ISBN 3-540-11356-8.
1982, 116 Seiten mit 59 Abbildungen. 53.– DM

59 **Maßnahmen zum Verbessern der pneumatischen Lackzerstäubung – Teilchengrößenbestimmung im Spritzstrahl –**
Von Klaus Werner Thomer. ISBN 3-540-11507-2.
1982, 162 Seiten mit 94 Abbildungen und 1 Tabelle. 53.– DM

60 **Ermittlung und Bewertung von Rationalisierungsmaßnahmen im Produktionsbereich**
Von Jürgen Schilde. ISBN 3-540-11730-X.
1982, 158 Seiten mit 57 Abbildungen. 53.– DM

61 **Untersuchung von Verfahren der Reihenfolgeplanung und ihre Anwendung bei Fertigungszellen**
Von Mohamed Osman. ISBN 3-540-11747-4.
1982, 124 Seiten mit 32 Abbildungen und 3 Tabellen. 53.– DM

62 **Ein Simulationsmodell zur Planung gruppentechnologischer Fertigungszellen**
Von Volker Saak. ISBN 3-540-11747-4.
1982, 134 Seiten mit 53 Abbildungen. 53.– DM

63 **Verfahren zur technischen Investitionsplanung automatisierter Fertigungsanlagen**
Von Günter Vettin. ISBN 3-540-11747-4.
1982, 134 Seiten mit 63 Abbildungen. 53.– DM

64 **Pneumatische Sensoren zur prozeßsimultanen Messung des Werkzeugverschleißes und zur Kollisionsvermeidung beim Messerkopffräsen**
Von Wolfgang Jentner. ISBN 3-540-11747-4.
1982, 126 Seiten mit 47 Abbildungen und 6 Tabellen. 53.– DM

65 **Rechnerunterstützte Gestaltung ortsgebundener Montagearbeitsplätze, dargestellt am Beispiel kleinvolumiger Produkte**
Von Eberhard Haller. ISBN 3-540-12015-7.
1982, 130 Seiten mit 43 Abbildungen. 53.– DM

66 **Fernsehüberwachung von Schutzgasschweißvorgängen mit abschmelzender Elektrode MIG – MAG**
Von Ruprecht Niepold. ISBN 3-540-12181-7.
1983, 178 Seiten mit 73 Abbildungen und 5 Tabellen. 58.– DM

67 **Entwicklung flexibler Ordnungssysteme für die Automatisierung der Werkstückhandhabung in der Klein- und Mittelserienfertigung**
Von Karl Weiss. ISBN 3-540-12455-1.
1983, 116 Seiten mit 68 Abbildungen. 58.– DM

68 **Automatisierte Überwachungsverfahren für Fertigungseinrichtungen mit speicherprogrammierten Steuerungen**
Von Werner Eißler. ISBN 3-540-12456-X.
1983, 128 Seiten mit 66 Abbildungen. 58.– DM

69 **Prozeßüberwachung beim Galvanoformen**
Von Jürgen Wilhelm Böcker. ISBN 3-540-12457-8.
1983, 118 Seiten mit 32 Abbildungen. 58.– DM

70 **LAPEX – Ein rechnerunterstütztes Verfahren zur Betriebsmittelzuordnung**
Von Stephan Mayer. ISBN 3-540-12490-X.
1983, 162 Seiten mit 34 Abbildungen und 2 Tabellen. 58.– DM

71 **Gestaltung eines integrierten Produktionssystems für die Sortenfertigung unter Einsatz der Clusteranalyse**
Von Gerald Weber. ISBN 3-540-12650-3.
1983, 194 Seiten mit 54 Abbildungen. 58.– DM

72 **Gußputzen mit sensorgeführten, programmierbaren Handhabungsgeräten**
Von Eberhard Abele. ISBN 3-540-12651-1.
1983, 133 Seiten mit 66 Abbildungen. 58,– DM

73 **Untersuchungen zur Herstellung und zum Einsatz galvanogeformter Erodierelektroden**
Von Harald Müller. ISBN 3-540-12822-0.
1983, 148 Seiten mit 78 Abbildungen. 58,– DM

74 **Ein Beitrag zur Optimierung der Prozeßführungsstrategien automatisierter Förder- und Materialflußsysteme**
Von Hans Steffens. ISBN 3-540-12968-5.
1983. 161 Seiten mit 60 Abbildungen. 58,– DM

75 **Entwicklung eines Verfahrens zur wertmäßigen Bestimmung der Produktivität und Wirtschaftlichkeit von Personalentwicklungsmaßnahmen in Arbeitsstrukturen**
Von Christian Müller. ISBN 3-540-13041-1.
1983. 129 Seiten mit 34 Abbildungen. 58,– DM

76 **Berechnung der Gestaltänderung von Profilen infolge Strahlverschleiß**
Von Wolfgang Marx. ISBN 3-540-13054-3.
1983. 121 Seiten mit 58 Abbildungen. 58,– DM

77 **Algorithmen zur flexiblen Gestaltung der kurzfristigen Fertigungssteuerung**
Von Rudolf E. Scheiber. ISBN 3-540-13500-6.
1984, 150 Seiten mit 73 Abbildungen und 1 Tabelle. 63.– DM

78 **Galvanisieren mit moduliertem Strom**
Von Jürgen Wolfgang Mann. ISBN 3-540-13733-5.
1984, 145 Seiten und 58 Abbildungen. 63,– DM

79 **Fluoreszenzmeßverfahren zur Schmierfilmdickenmessung in Wälzlagern**
Von Wolfgang Schmutz. ISBN 3-540-13777-7.
1984, 141 Seiten und 66 Abbildungen. 63,– DM

IPA-IAO Forschung und Praxis

Berichte aus dem Fraunhofer-Institut für Produktionstechnik und Automatisierung (IPA), Stuttgart, Fraunhofer-Institut für Arbeitswirtschaft und Organisation (IAO), Stuttgart, und Institut für Industrielle Fertigung und Fabrikbetrieb der Universität Stuttgart

Herausgeber: Prof. Dr.-Ing. H. J. Warnecke und Prof. Dr.-Ing. H.-J. Bullinger

---

80 **Flexibilität und Kapazität von Werkstückspeichersystemen**
Von Bernhard Graf. ISBN 3-540-13370-2.
1984, 115 Seiten mit 71 Abbildungen. 63,– DM

T1 **Flexible Fertigungssysteme**
17. IPA-Arbeitstagung zusammen mit der 3. Internationalen Konferenz „Flexible Manufacturing Systems (FMS-3)", ISBN 3-540-13807-2.
1984, 249 Seiten mit zahlreichen Abbildungen. 118,– DM

T2 **Integrierte Bürosysteme**
3. IAO-Arbeitstagung. ISBN 3-540-13978-8.
1984, 633 Seiten mit zahlreichen Abbildungen. 168,– DM

81 **Rechnerunterstützte Planung von Montageablaufstrukturen für Erzeugnisse der Serienfertigung**
Von Ernst-Dieter Ammer. ISBN 3-540-15056-0.
1985, 120 Seiten mit 1 Faltblatt und 33 Abbildungen. 63,– DM

82 **Flexibilität von personalintensiven Montagesystemen bei Serienfertigung**
Von Heinrich Vähning. ISBN 3-540-15093-5.
1985, 152 Seiten mit 49 Abbildungen. 63,– DM

83 **Ordnen von Werkstücken mit programmierbaren Handhabungsgeräten und Werkstückerkennungssensoren**
Von Ingo Schmidt. ISBN 3-540-15375-6.
1985, 111 Seiten mit 66 Abbildungen. 63,– DM

84 **Systematische Investitionsplanung**
Von Jorge Moser. ISBN 3-540-15370-5.
1985, 190 Seiten mit 69 Abbildungen. 63,– DM

T3 **Montage · Handhabung · Industrieroboter**
Internationaler MHI-Kongreß im Rahmen der Hannover-Messe '85. ISBN 3-540-15500-7.
1985, 267 Seiten mit zahlreichen Abbildungen. 128,– DM

85 **Flexible Montagesysteme – Konzeption und Feinplanung durch Kombination von Elementen**
Von Peter Konold / Bernd Weller. ISBN 3-540-15606-2.
1985, 162 Seiten mit 71 Abbildungen und 9 Tabellen. 63,– DM

T4 **Menschen · Arbeit · Neue Technologien**
4. IAO-Arbeitstagung zusammen mit der 2. Internationalen Konferenz „Human Factors in Manufacturing". ISBN 3-540-15763-8.
1985, 442 Seiten mit zahlreichen Abbildungen. 168,– DM

86 **Leitstandunterstützte kurzfristige Fertigungssteuerung bei Einzel- und Kleinserienfertigung**
Von Lothar Aldinger. ISBN 3-540-15903-7.
1985, 151 Seiten mit 49 Abbildungen und 2 Tabellen. 63,– DM

87 **Bestimmen des Bürstenverhaltens anhand einer Einzelborste**
Von Klaus Przyklenk. ISBN 3-540-15956-8.
1985, 117 Seiten mit 74 Abbildungen. 63,– DM

88 **Montage großvolumiger Produkte mit Industrierobotern**
Von Jörg Walther. ISBN 3-540-16027-2.
1985, 125 Seiten mit 58 Abbildungen. 63,– DM

89 **Algorithmen und Verfahren zur Erstellung innerbetrieblicher Anordnungspläne**
Von Wilhelm Dangelmaier. ISBN 3-540-16144-9.
1986, 268 Seiten mit 79 Abbildungen. 68,– DM

90 **Bewertung der Instandhaltung von Fertigungssystemen in der technischen Investitionsplanung**
Von Hagen U. Uetz. ISBN 3-540-16166-X.
1986, 129 Seiten mit 38 Abbildungen. 68,– DM

91 **Entgraten durch Hochdruckwasserstrahlen**
Von Manfred Schlatter. ISBN 3-540-16172-4.
1986, 167 Seiten mit 89 Abbildungen und 18 Tabellen. 68,– DM

92 **Werkstückorientierte Verfahrensauswahl zum Gußputzen mit Industrierobotern**
Von Wolfgang Sturz. ISBN 3-540-16224-0.
1986, 156 Seiten mit 59 Abbildungen. 68,– DM

93 **Verfahren zur Verringerung von Modell-Mix-Verlusten in Fließmontagen**
Von Reinhard Koether. ISBN 3-540-16499-5.
1986, 175 Seiten mit 46 Abbildungen und 1 Tabelle. 68,– DM

94 **Entwicklung und Einsatz eines interaktiven Verfahrens zur Leistungsabstimmung von Montagesystemen**
Von Günter Schad. ISBN 3-540-16978-4.
1986, 120 Seiten mit 31 Abbildungen und 1 Tabelle. 68,– DM

95 **Qualifizierung an Industrierobotern**
Von Wolfgang Bachl. ISBN 3-540-17018-9.
1986, 218 Seiten mit 30 Abbildungen. 68,– DM

96 **Rechnersimulation des Beschichtungsprozesses beim Elektrotauchlackieren – Anwendung zum Berechnen des Umgriffs**
Von Otto Baumgärtner. ISBN 3-540-17102-9.
1986, 113 Seiten mit 42 Abbildungen. 68,– DM

97 **Ergonomische Gestaltung von Rotationsstellteilen für grob- und sensomotorische Tätigkeiten**
Von Werner F. Muntzinger. ISBN 3-540-17247-5.
1986, 135 Seiten mit 51 Abbildungen und 33 Tabellen. 68,– DM

98 **Die optische Rauheitsmessung in der Qualitätstechnik**
Von R.-J. Ahlers. ISBN 3-540-17242-4.
1986, 133 Seiten mit 56 Abbildungen und 2 Tabellen. 68,– DM

99 **Maschinelle Spracherkennung zur Verbesserung der Mensch-Maschine-Schnittstelle**
Von Gerhard Rigoll. ISBN 3-540-17350-1.
1986, 134 Seiten mit 55 Abbildungen. 68,– DM

100 **Konzeption und Auswahl modularer Magazinpaletten**
Von Thomas Zipse. ISBN 3-540-17584-9.
1987, 126 Seiten mit 54 Abbildungen. 68,– DM

101 **Anschlüsse an Kupferrohre – Herstellung und Automatisierungsmöglichkeit**
Von Eberhard Rauschnabel. ISBN 3-540-17807-4.
1987, 120 Seiten mit 88 Abbildungen. 68,– DM

102 **Mengen- und ablauforientierte Kapazitätsplanung von Montagesystemen**
Von Hans Sauer. ISBN 3-540-17815-5.
1987, 156 Seiten mit 64 Abbildungen. 68,– DM

103 **Verfahrensinstrumentarium zur Werkstückauswahl und Auslegung von Industrieroboterschweißsystemen**
Von Herbert Gzik. ISBN 3-540-17928-3.
1987, 138 Seiten mit 56 Abbildungen. 68,– DM

104 **Integration von Förder- und Handhabungseinrichtungen**
Von Joachim Schuler. ISBN 3-540-17955-0.
1987, 153 Seiten mit 61 Abbildungen. 68,– DM

105 **Produktionsmengen- und -terminplanung bei mehrstufiger Linienfertigung**
Von H. Kühnle. ISBN 3-540-18038-9.
1987, 124 Seiten mit 25 Abbildungen. 68,– DM

106 **Untersuchung des Plasmaschneidens zum Gußputzen mit Industrierobotern**
Von Jong-Oh Park. ISBN 3-540-18037-0.
1987, 142 Seiten mit 70 Abbildungen. 68,– DM

107 **Fügen von biegeschlaffen Steckkontakten mit Industrierobotern**
Von Daegab Gweon. ISBN 3-540-18134-2.
1987, 115 Seiten mit 13 Abbildungen. 68,– DM

108 **Entwicklung eines biomechanischen Modells des Hand-Arm-Systems**
Von Georgios Tsotsis. ISBN 3-540-18135-0.
1987, 163 Seiten mit 45 Abbildungen. 68,– DM

109 **Ein Beitrag zur Planungssystematik für die automatisierte flexible Blechteilefertigung**
Von Thomas Weber. ISBN 3-540-18136-9.
1987, 149 Seiten mit 56 Abbildungen. 68,– DM

110 **Entwicklung eines Meßverfahrens zur Bestimmung des Positionier- und Orientierungsverhaltens von Industrierobotern**
Von Günter Schiele. ISBN 3-540-18137-7.
1987, 116 Seiten mit 48 Abbildungen. 68,– DM

111 **Schwingungsbelastung beim Arbeiten mit handgeführten, einachsigen Motormähgeräten**
Von Peter Kern. ISBN 3-540-18193-8.
1987, 145 Seiten mit 43 Abbildungen und 5 Tabellen. 68,– DM

112 **Entwicklung eines berührungslosen Tastsystems für den Einsatz an Koordinatenmeßgeräten**
Von Hie-Sik Kim. ISBN 3-540-18578-X.
1987, 111 Seiten mit 62 Abbildungen und 4 Tabellen. 68,– DM

113 **Qualifizierung an Industrierobotern – Ziele, Inhalte und Methoden**
Von Volker Korndörfer. ISBN 3-540-18618-2.
1987, 318 Seiten mit 100 Abbildungen. 68,– DM

114 **Funktional und räumlich variables und modulares Laborgerätesystem**
Von Alfred Mack. ISBN 3-540-18786-3.
1988, 116 Seiten mit 39 Abbildungen. 73,– DM

115 **Produktrecycling im Maschinenbau**
Von Rolf Steinhilper. ISBN 3-540-18849-5.
1988, 167 Seiten mit 50 Abbildungen. 73,– DM

116 **Integration der montagegerechten Produktgestaltung in den Konstruktionsprozeß**
Von Rudolf Bäßler. ISBN 3-540-19058-9.
1988, 133 Seiten mit 49 Abbildungen. 73,– DM

117 **Ein Algorithmus zur kapazitätsorientierten Bildung von Losen**
Von Tilmann Greiner. ISBN 3-540-19300-6.
1988, 135 Seiten mit 37 Abbildungen. 73,– DM

118 **Kabelbaummontage mit Industrierobotern**
Von Gerd Schlaich. ISBN 3-540-19301-4.
1988, 131 Seiten mit 62 Abbildungen. 73,– DM

119 **Beitrag zur Verbesserung der Fertigungskostentransparenz bei Großserienfertigung mit Produktvielfalt**
Von Albrecht Köhler. ISBN 3-540-19393-6.
1988, 148 Seiten mit 72 Abbildungen. 73,– DM

120 **Entwicklungs- und Planungshilfen zum Aufbau von flexiblen Ordnungssystemen**
Von Rainer Schanz. ISBN 3-540-19394-4.
1988, 104 Seiten mit 48 Abbildungen. 73,– DM

121 **Bestücken von Leiterplatten mit Industrierobotern**
Von Ernst Wolf. ISBN 3-540-50013-8.
1988, 132 Seiten mit 63 Abbildungen. 73,– DM

122 **Verschleißvorgänge beim Querschneiden dünner Bahnen**
Von Thomas Hülsmann. ISBN 3-540-50049-9.
1988, 126 Seiten mit 47 Abbildungen und 5 Tabellen. 73,– DM

123 **Geometrieprüfung in der Fertigungsmeßtechnik mit bildverarbeitenden Systemen**
Von Claus P. Keferstein. ISBN 3-540-50050-2.
1988, 128 Seiten mit 53 Abbildungen. 73,– DM

124 **Modulares Simulationsmodell für die Abläufe in verketteten Fertigungszellen mit Industrierobotern**
Von Kum-Hoan Kuk. ISBN 3-540-50069-3.
1988, 130 Seiten mit 57 Abbildungen. 73,– DM

125 **Montage von Schläuchen mit Industrierobotern**
Von Bruno Frankenhauser. ISBN 3-540-50072-3.
1988, 139 Seiten mit 63 Abbildungen. 73,– DM

126 **Kommissioniersystem mit Roboter und Mehrstückgreifer**
Von Klaus Baumeister. ISBN 3-540-50133-9.
1988, 104 Seiten mit 53 Abbildungen. 73,– DM

127 **Sensorunterstütztes Programmierverfahren für das Entgraten mit Industrierobotern**
Von Dieter Boley. ISBN 3-540-50175-4.
1988, 128 Seiten mit 67 Abbildungen. 73,– DM

128 **Die Arbeitsraumgestaltung manueller Montagearbeitsplätze mit graphischen und wissensbasierten Methoden**
Von Klaus Lay. ISBN 3-540-50259-9.
1988, 129 Seiten mit 50 Abbildungen und 7 Tabellen. 73,– DM

129 **Automatisierung des Biegerichtens**
Von Stefan Thiel. ISBN 3-540-50432-X.
1988, 142 Seiten mit 57 Abbildungen und 5 Tabellen. 73,– DM

130 **Rechnergestützte Verfahren zur Auslegung der Mechanik von Industrierobotern**
Von Martin-Christoph Wanner. ISBN 3-540-50640-3.
1989, 202 Seiten mit 80 Abbildungen. 73,– DM

131 **Entwicklung eines bestandsorientierten Fertigungssteuerungssystems für die Großserienfertigung am Beispiel des Automobilbaus**
Von G. Hachtel. ISBN 3-540-50639-X.
1989, 163 Seiten mit 34 Abbildungen und 6 Tabellen. 73,– DM

132 **Ergonomische Gestaltung der Benutzerschnittstelle am Antriebssystem des Greifreifenrollstuhls**
Von Ludwig Traut. ISBN 3-540-50877-5.
1989, 210 Seiten mit 127 Abbildungen. 73,– DM

133 **Planung taktzeitoptimierter flexibler Montagestationen**
Von Joachim Schöninger. ISBN 3-540-50896-1.
1989, 122 Seiten mit 47 Abbildungen. 73,– DM

134 **Ein Modell für ein integriertes Qualitäts- und Prüfplanungssystem in der Montage**
Von Josef R. Kring. ISBN 3-540-51195-4.
1989, 140 Seiten mit 60 Abbildungen. 73,– DM

135 **Fertigungsstrukturierung auf der Basis von Teilefamilien**
Von Manfred Auch. ISBN 3-540-51290-X.
1989, 138 Seiten mit 34 Abbildungen. 73,– DM

136 **Kollisionsbehandlung als Grundbaustein eines modularen Industrieroboter-Off-line-Programmiersystems**
Von Andreas Altenhein. ISBN 3-540-51418-X.
1989, 129 Seiten mit 53 Abbildungen. 73,– DM

137 **Ein Beitrag zur Planung und Bewertung Neuer Arbeitsstrukturen in NE-Metallgießereien Dargestellt am Beispiel der Fertigungsinsel**
Von Horst Nespeta. ISBN 3-540-51419-8.
1989, 157 Seiten mit 58 Abbildungen. 73,– DM

138 **Verfahren zur Prüfung der Partikelkontamination in Versorgungssystemen für hochreine Flüssigkeiten**
Von Rolf Herz. ISBN 3-540-51457-0.
1989, 123 Seiten mit 61 Abbildungen. 73,– DM

139 **Messung gekrümmter Flächen mit berührungslosen Verfahren**
Von Leo Schreiber. ISBN 3-540-51493-7.
1989, 119 Seiten mit 72 Abbildungen. 73,– DM

140 **Automatisiertes Lackieren mit steuerbaren Spritzpistolen**
Von Konrad A. Ortlieb. ISBN 3-540-51518-6.
1989, 121 Seiten mit 45 Abbildungen. 73,– DM

141 **Grundlagen zur Entwicklung reinraumtauglicher Handhabungssysteme**
Von Jürgen Geißinger. ISBN 3-540-51959-9.
1989, 124 Seiten mit 82 Abbildungen. 73,– DM

142 **CAD-Video-Somatographie**
Entwicklung und Bewertung einer Methode zur anthropometrischen Arbeitsgestaltung
Von Dieter Lorenz. ISBN 3-540-52163-1.
1989, 169 Seiten mit 61 Abbildungen. 73,– DM

143 **Eine Systemarchitektur für die Gestaltung und das Management verteilter Informationssysteme**
Von Andreas J. Ness. ISBN 3-540-52224-7.
1990, 203 Seiten mit 62 Abbildungen. 78,– DM

144 **Untersuchungen über den optisch-physiologischen Eindruck der Oberflächenstruktur von Lackfilmen**
Von Horst Schene. ISBN 3-540-52226-3.
1990, 149 Seiten mit 106 Abbildungen. 78,– DM

145 **Planungsmethodik für ein Qualitätskostensystem**
Von Alfred Rauba. ISBN 3-540-52477-0.
1990, 166 Seiten mit 73 Abbildungen. 78,– DM

146 **Kleinserienbestückung von Leiterplatten mit bedrahteten Bauelementen durch Industrieroboter**
Von Martin Domm. ISBN 3-540-52867-9.
1990, 106 Seiten mit 48 Abbildungen. 78,– DM

147 **Sensor- und Steuerungssystem für die leitlinienlose Führung automatischer Flurförderzeuge**
Von Gerhard Drunk. ISBN 3-540-53033-9.
1990, 135 Seiten mit 52 Abbildungen. 78,– DM

148 **Ein System zur wissensbasierten Diagnose an CNC-Werkzeugmaschinen durch den Maschinenbediener**
Von Klaus-Peter Fähnrich. ISBN 3-540-53034-7.
1990, 132 Seiten mit 48 Abbildungen und 18 Tabellen. 78,– DM

149 **Werkstückbegleitender Informationsspeicher als Basis für ein informationstechnisches Konzept für Halbleiterfertigungen**
Von Klaus-Dieter Sauter. ISBN 3-540-53236-6.
1990, 115 Seiten mit 55 Abbildungen. 78,– DM

150 **Ein Planungsverfahren zur Erkennung und Bewältigung von Material- und Kapazitätsengpässen bei mehrstufiger Linienfertigung**
Von Ralf-Michael Fuchs. ISBN 3-540-53271-4.
1990, 176 Seiten mit 65 Abbildungen. 78,– DM

151 **Montage von Schrauben mit Industrierobotern**
Von Gernot E. Fischer. ISBN 3-540-53519-5.
1990, 97 Seiten mit 37 Abbildungen. 78,– DM

152 **Flächenorientierte Termin- und Kapazitätsplanung bei innerbetrieblicher Baustellenfertigung**
Von Rolf Schlauch. ISBN 3-540-53584-5.
1990, 130 Seiten mit 53 Abbildungen. 78,– DM

153 **Wissensbasierte Entscheidungsunterstützung bei der Auswahl von Industrierobotern**
Von Günter Jordan. ISBN 3-540-53744-9.
1991, 116 Seiten mit 49 Abbildungen. 78,– DM

154 **Simulationssystem für Fertigungsprozesse mit Stückgutcharakter**
Ein gegenstandsorientiertes System mit parametrisierter Netzwerkmodellierung
Von Bernd-Dietmar Becker. ISBN 3-540-53847-X.
1991, 162 Seiten mit 48 Abbildungen und 47 Tabellen. 78,– DM

155 **Algorithmen der Sprachverarbeitung zur Entwicklung eines vollsynthetischen Sprachausgabesystems**
Von Gerhard Rigoll. ISBN 3-540-53870-4.
1991, 321 Seiten mit 235 Abbildungen. 78,– DM

156 **Wissensbasierte CAD-Systemkomponente zum Entwurf montagegerechter Produkte**
Von Ralph Richter. ISBN 3-540-54725-8.
1991, 137 Seiten mit 56 Abbildungen. 78,– DM

157 **Heftschweißverfahren für das Lagefixieren von Werkstücken beim Schutzgasschweißen mit Industrierobotern**
Von Carsten Martin Claussen. ISBN 3-540-54951-X.
1991, 140 Seiten mit 43 Abbildungen. 78,– DM

158 **Ein Beitrag zur Meßdatenverarbeitung in der Koordinatenmeßtechnik**
Von Thomas Garbrecht. ISBN 3-540-55030-5.
1991, 135 Seiten mit 94 Abbildungen und 5 Tabellen. 78,– DM

159 **Ein Beitrag zur Planung und Optimierung der Verfahrensteilung in der Fertigung**
Von Hans-Peter Roth. ISBN 3-540-55113-1.
1992, 130 Seiten mit 50 Abbildungen. 78,– DM

160 **Flexible Montage von Leitungssätzen mit Industrierobotern**
Von Herbert H. Emmerich ISBN 3-540-55227-8.
1992, 135 Seiten mit 70 Abbildungen. 88,– DM

161 **Toleranzausgleichssysteme für Industrieroboter am Beispiel des feinwerktechnischen Bolzen-Loch-Problems**
Von Uwe Schweigert ISBN 3-540-55228-6.
1992, 119 Seiten mit 61 Abbildungen. 88,– DM

162 **Entwicklung eines interaktiven Simulators auf der Basis von Petri-Netzen zur Modellierung und Bewertung hybrider Montagestrukturen**
Von W. Schweizer ISBN 3-540-55229-4.
1992, 159 Seiten mit 76 Abbildungen. 88,– DM

163 **Entwicklung eines Verfahrens zur rechnerunterstützten Gestaltung verteilter Informationssysteme**
Von Friedemann Reim ISBN 3-540-55269-3.
1992, 151 Seiten mit 43 Abbildungen. 88,– DM

164 **EDV-gestützte Planungs- und Entscheidungshilfen zur Auslegung von Produktionsstrukturen mit strukturkostenoptimierten Dezentralen Verantwortungsbereichen**
Von Ulrich Hallwachs ISBN 3-540-55477-7.
1992, 186 Seiten mit 66 Abbildungen. 88,– DM

165 **Strömungstechnische Auslegung reinraumtauglicher Fertigungseinrichtungen**
Von Elmar Degenhart ISBN 3-540-55478-5.
1992, 137 Seiten mit 72 Abbildungen. 88,– DM

166 **Synthese und Simulation dreidimensionaler Hand-Arm-Bewegungen an manuellen Montagearbeitsplätzen**
Von Raimund Menges ISBN 3-540-55752-0.
1992, 215 Seiten mit 70 Abbildungen. 88,– DM

167 **Bewertung inhomogener fraktaler Strukturen und Skalenanalyse von Texturen**
Von Uwe Müssigmann ISBN 3-540-55796-2.
1992, 99 Seiten mit 43 Abbildungen. 88,– DM

168 **Ein Informationssystem für Instandhaltungsleitstellen**
Von Wilfried Sihn ISBN 3-540-55853-5.
1992, 167 Seiten mit 67 Abbildungen. 88,– DM

169 **Verfahren zum automatischen Palettieren von quaderförmigen Packstücken im beliebigen Sortenmix**
Von Walter Michael Strommer ISBN 3-540-55922-1.
1992, 105 Seiten mit 47 Abbildungen. 88,– DM

170 **Planung der Kinematik von Industrierobotersystemen zum Schutzgasschweißen im Schiffbau**
Von Wolfgang Utner ISBN 3-540-55923-X.
1992, 134 Seiten mit 31 Abbildungen und 3 Tabellen. 88,– DM

171 **Montage von Pressverbindungen mit Industrierobotern**
Von Günther Würtz ISBN 3-540-56300-8.
1992, 124 Seiten mit 55 Abbildungen. 88,– DM

172 **Rationalisierungspotential der montagegerechten Produktgestaltung bei der Montage mit Industrierobotern**
Von Thomas Schmaus ISBN 3-540-56400-4.
1992, 122 Seiten mit 55 Abbildungen. 88,– DM

173 **Erhöhung der Variantenflexibilität in Mehrmodell-Montagesystemen durch ein Verfahren zur Leistungsabstimmung**
Von Felix Fremerey ISBN 3-540-56549-3.
1993, 150 Seiten mit 38 Abbildungen und 6 Tabellen. 88,– DM

174 **Automatische Montage von O-Ringen**
Von Johannes F. Wößner ISBN 3-540-56657-0.
1993, 94 Seiten mit 43 Abbildungen. 88,– DM

175 **Systeme kombinierter multimodaler Mensch-Rechner-Interaktionen**
Von Karl-Heinz Hanne ISBN 3-540-56687-2.
1993, 131 Seiten mit 46 Abbildungen. 88,– DM

176 **Regelbasiertes Verfahren zur Montageablaufplanung in der Serienfertigung**
Von Klaus Thaler ISBN 3-540-56829-8.
1993, 132 Seiten mit 63 Abbildungen. 88,– DM

177 **Rechnergestütztes Bediensystem für einen Telemanipulator zur Sanierung von gemauerten Abwasserkanälen**
Von Kurt Alexander Schließmann ISBN 3-540-56875-1.
1993, 135 Seiten mit 57 Abbildungen und 7 Tabellen. 88,– DM

178 **Konturantastende und optoelektronische Koordinatenmeßgeräte für den industriellen Einsatz**
Von Wolfgang Rauh ISBN 3-540-56876-X.
1993, 124 Seiten mit 43 Abbildungen. 88,– DM

179 **Konzeption für ein Sensor- und Steuerungssystem zur automatischen Führung eines Walzenschrämladers entlang der Grenzlinie von Kohle und Nebengestein**
Von Stephan Matthias Forster ISBN 3-540-57159-0.
1993, 147 Seiten mit 63 Abbildungen. 88,– DM

180 **Ein dreidimensionales Bildverarbeitungssystem für die Automatisierung visueller Prüfvorgänge**
Von Jianzhong Lu ISBN 3-540-57160-4.
1993, 113 Seiten mit 45 Abbildungen und 2 Tabellen. 88,– DM

181 **Erschließung technischer und organisatorischer Potentiale durch die Komplettbearbeitung auf Drehmaschinen mit Hilfe der Teileanalyse**
Von Helmut Schaal ISBN 3-540-57212-0.
1993, 126 Seiten mit 42 Abbildungen und 2 Tabellen. 88,– DM

182 **Prüfverfahren zur Untersuchung der Partikelreinheit technischer Oberflächen**
Von Bernhard Klumpp ISBN 3-540-57302-X.
1993, 108 Seiten mit 50 Abbildungen. 88,– DM

183 **Automatisierung der Justage von Drehankerrelais**
Von G. Krüll ISBN 3-540-57303-8.
1993, 113 Seiten mit 59 Abbildungen. 88,– DM

184 **Prozeßstrukturen der chemischen Vernickelung**
Von Hans Gut ISBN 3-540-57304-6.
1993, 108 Seiten mit 37 Abbildungen und 5 Tabellen. 88,– DM

185 **Ein Verfahren zur Konstruktion anwendungoptimierter Ultraschallsensoren auf der Basis von Schallkanälen**
Von Achim Langen ISBN 3-540-57376-3.
1993, 140 Seiten mit 72 Abbildungen. 88,– DM

186 **Ein rechnerunterstütztes System für die technische Dokumentation und Übersetzung**
Von Renate Mayer ISBN 3-540-57409-3.
1993, 126 Seiten mit 59 Abbildungen. 88,– DM

187 **Theoretische und experimentelle Untersuchungen an dreidimensionalen Wirbelströmungen für industrielle Absauganlagen**
Von Wolf-Jürgen Denner ISBN 3-540-57410-7.
1993, 141 Seiten mit 78 Abbildungen und 10 Tabellen. 88,– DM

188 **Planungsmethodik für den Aufbau von Qualitätssicherungssystemen in kleinen und mittleren Produktionsunternehmen**
Von Rainer Hummel ISBN 3-540-57727-0.
1993, 221 Seiten mit 114 Abbildungen und 6 Tabellen. 88,– DM

189 **Plasmamodifikation von Kunststoffoberflächen zur Haftfestigkeitssteigerung von Metallschichten**
Von Dieter Andreas Mann ISBN 3-540-57745-9.
1994, 133 Seiten mit 83 Abbildungen und 6 Tabellen. 88,– DM

190 **Softwareentwicklung für speicherprogrammierbare Steuerungen im integrierten, rechnergestützten Konstruktionsprozeß**
Von Kornelius Hengel ISBN 3-540-57765-3.
1994, 133 Seiten mit 48 Abbildungen. 88,– DM

191 **Vorrichtungssysteme für die flexibel automatisierte Montage**
Von Armin Willy ISBN 3-540-57784-X.
1994, 121 Seiten mit 60 Abbildungen. 88,– DM

192 **Wissensbasiertes Selbstheilungs- und Diagnosesystem für CNC-Koordinatenmeßgeräte**
Von Wilhelm Steger ISBN 3-540-57829-3.
1994, 147 Seiten mit 79 Abbildungen. 88,– DM

193 **Modell für ein rechnerunterstütztes Qualitätssicherungssystem gemäß DIN ISO 9000 ff.**
Von Ulrich Lübbe ISBN 3-540-57831-5.
1994, 152 Seiten mit 59 Abbildungen. 88,– DM

194 **Vorgehenssystematik zum Prototyping graphisch-interaktiver Audio/Video-Schnittstellen**
Von Claus Görner ISBN 3-540-57886-2.
1994, 181 Seiten mit 66 Abbildungen. 88,– DM

195 **Bewertung von Rechnerinvestitionen durch den Vergleich von Wertschöpfungsketten**
Von Christian F. Mayer ISBN 3-540-57969-9.
1994, 144 Seiten mit 45 Abbildungen und 24 Tabellen. 88,– DM

196 **Ein Verfahren zur kostenorientierten Produktionsprogramm- und Kapazitätsplanung bei losweiser Montage**
Von J. Kurz ISBN 3-540-57971-0.
1994, 124 Seiten mit 26 Abbildungen und 3 Tabellen. 88,– DM

197 **Direktmontage von Leitungen mit Industrierobotern**
Von Stefan Koller ISBN 3-540-58224-X.
1994, 105 Seiten mit 52 Abbildungen. 88,– DM

198 **Eine objektorientierte Architektur für Leitstände zur Feinplanung**
Von Thomas Otterbein ISBN 3-540-58273-8.
1994, 183 Seiten mit 90 Abbildungen. 88,– DM

199 **Erhöhung der Fertigungssicherheit und -qualität beim Hochdruckwasserstrahlen durch den Einsatz von Sensoren**
Von Michael Knaupp ISBN 3-540-58440-4.
1994, 117 Seiten mit 101 Abbildungen. 88,– DM

200 **Verfahren zur Bewertung von Auftrags-Durchlaufzeiten in den indirekt-produktiven Bereichen von Maschinenbau-Unternehmen**
Von Robert Müller ISBN 3-540-58478-1.
1994, 152 Seiten mit 32 Abbildungen. 88,– DM

201 **Verfahrensprüfstand für das Bearbeiten mit Industrierobotern**
Von Peter Schlaich ISBN 3-540-58510-9.
1994, 114 Seiten mit 60 Abbildungen. 88,– DM

202 **Entwicklung und Optimierung von Prozeßkomponenten zur ionenunterstützten Abscheidung bei PVD-Verfahren**
Von Walter Olbrich ISBN 3-540-58511-7.
1994, 126 Seiten mit 62 Abbildungen und 7 Tabellen. 88,– DM

203 **Verfahren der Konturanalyse zur Automatisierung visueller Prüfvorgänge**
Von Knut Kille ISBN 3-540-58513-3.
1994, 105 Seiten mit 50 Abbildungen und 15 Tabellen. 88,– DM

204 **Verfahren zur Verbesserung der Ausfallsicherheit verteilter Informationssysteme**
Von Helmut Meitner ISBN 3-540-58623-7.
1995, 196 Seiten mit 54 Abbildungen und 13 Tabellen. 88,– DM

205 **Ein unscharfes Planungsverfahren zur mittelfristigen Personalkapazitätsanpassung für die bedarfsorientierte Serienproduktion**
Von Hans-Jürgen Braun ISBN 3-540-58819-1.
1995, 164 Seiten mit 40 Abbildungen und 10 Tabellen. 88,– DM

206 **Rechnergestützte Auslegungsverfahren für Großmanipulatoren mit Gelenkarmkinematik**
Von Werner Engeln ISBN 3-540-58871-X.
1995, 135 Seiten mit 52 Abbildungen und 18 Tabellen. 88,– DM

207 **Montagestrukturplanung für variantenreiche Serienprodukte**
Von Ulrich Zeile ISBN 3-540-58937-6.
1995, 122 Seiten mit 65 Abbildungen. 88,– DM

208 **Entwicklung eines objektorientierten Informationssystems zur optimierten Werkstoffauswahl**
Von Dietmar R. Fischer ISBN 3-540-58938-4.
1995, 193 Seiten mit 37 Abbildungen und 14 Tabellen. 88,– DM

209 **Entwicklung einer flexibel automatisierten Nähanlage**
Von Oliver Krockenberger ISBN 3-540-58939-2.
1995, 122 Seiten mit 75 Abbildungen. 88,– DM

210 **Ultraschallbahnschweißen von Kunststoffteilen mit Industrierobotern**
Von Thomas Wagner ISBN 3-540-58940-6.
1995, 93 Seiten mit 37 Abbildungen. 88,– DM

211 **Flexibel automatisierte Montage hochpoliger Rundkabel**
Von Ralf Cramer ISBN 3-540-58979-1.
1995, 116 Seiten mit 59 Abbildungen. 88,– DM

212 **Automatische Reparatur elektronischer Baugruppen**
Von Thomas Leicht ISBN 3-540-59015-3.
1995, 99 Seiten mit 46 Abbildungen. 88,– DM

213 **Montage von Schlauchschellen mit Industrierobotern**
Von Herbert Dreher ISBN 3-540-59035-8.
1995, 103 Seiten mit 63 Abbildungen. 88,– DM

214 **Arbeitsprogrammgenerierung zum Schutzgasschweißen mit Industrierobotersystemen im Schiffbau**
Von Peter Schmid ISBN 3-540-59058-7.
1995, 131 Seiten mit 42 Abbildungen. 88,– DM

215 **Flexible Demontage mit dem Industrieroboter am Beispiel von Fernsprech-Endgeräten**
Von Martin Kahmeyer ISBN 3-540-59390-X.
1995, 99 Seiten mit 52 Abbildungen. 88,– DM

216 **Der logisch-pragmatische Gebrauch von Konditionalsätzen. Eine dialog-logische Analyse**
Von Antonius Jacobus Maria van Hoof ISBN 3-540-59463-9.
1995, 146 Seiten mit 65 Abbildungen. 88,– DM

217 **Arbeits- und organisationspsychologische Interventionen bei der Einführung von Gruppenarbeit in dezentral ausgerichteten Fertigungsinseln**
Von Manfred Schlund ISBN 3-540-60012-4.
1995, 426 Seiten mit 24 Abbildungen und 29 Tabellen. 88,– DM

218 **Herstellung geformter Schläuche mit Formdornen aus Formgedächtnislegierung**
Von Thomas Weisener ISBN 3-540-60019-1.
1995, 88 Seiten mit 48 Abbildungen. 88,– DM

219 **Benutzerwerkzeuge an Fertigungssteuerungs-Leitständen**
Von Manfred Kroneberg ISBN 3-540-60096-5.
1995, 154 Seiten mit 84 Abbildungen. 88,– DM

220 **Werkstattsteuerung mit genetischen Algorithmen und simulativer Bewertung**
Von Jörg Schulte ISBN 3-540-60281-X.
1995, 163 Seiten mit 55 Abbildungen und 7 Tabellen. 88,– DM

221 **Ein Verfahren zur automatischen Generierung von softwareergonomisch gestalteten Benutzungsoberflächen**
Von Anette Weisbecker ISBN 3-540-60242-9.
1995, 140 Seiten mit 38 Abbildungen und 48 Tabellen. 88,– DM

GPSR Compliance

The European Union's (EU) General Product Safety Regulation (GPSR) is a set of rules that requires consumer products to be safe and our obligations to ensure this.

If you have any concerns about our products, you can contact us on ProductSafety@springernature.com

In case Publisher is established outside the EU, the EU authorized representative is:

Springer Nature Customer Service Center GmbH
Europaplatz 3
69115 Heidelberg, Germany

Batch number: 10854096

Printed by Printforce, the Netherlands